他人心理学

[日] 涉谷昌三 著
于潇彧 译

机械工业出版社
CHINA MACHINE PRESS

Original Japanese title:
OMOSHIROI HODO YOKU WAKARU TANIN NO SHINRIGAKU
Copyright © 2012 Shozo Shibuya/peak-one
Original Japanese edition published by Seito-sha Co., Ltd.
Simplified Chinese translation rights arranged with Seito-sha Co., Ltd.
through The English Agency (Japan) Ltd. And Shanghai To Asia Culture Co., Ltd.
插图：SATO NORIKO；平井KIWA
原书设计：佐佐木容子（KARANOKI DESIGN ROOM）
协助编辑：PEAK-ONE有限公司
北京市版权局著作权合同登记号　图字：01-2020-1595

图书在版编目（CIP）数据

他人心理学 /（日）涉谷昌三著；于潇彧译. — 北京：机械工业出版社，2021.5（2023.10重印）

ISBN 978-7-111-68333-9

Ⅰ. ①他… Ⅱ. ①涉… ②于… Ⅲ. ①心理学 – 通俗读物 Ⅳ. ① B84-49

中国版本图书馆 CIP 数据核字（2021）第 100481 号

机械工业出版社（北京市百万庄大街 22 号　邮政编码 100037）
策划编辑：梁一鹏　刘　岚　　责任编辑：梁一鹏　刘　岚
责任校对：张　力　张亚楠　　责任印制：郜　敏
北京联兴盛业印刷股份有限公司印刷
2023 年 10 月第 1 版第 4 次印刷
128mm×182mm · 7.875 印张 · 182 千字
标准书号：ISBN 978-7-111-68333-9
定价：69.80 元

电话服务　　　　　　　　　网络服务
客服电话：010-88361066　　机　工　官　网：www.cmpbook.com
　　　　　010-88379833　　机　工　官　博：weibo.com/cmp1952
　　　　　010-68326294　　金　书　网：www.golden-book.com
封底无防伪标均为盗版　　机工教育服务网：www.cmpedu.com

前言

"他现在在想什么呢？""他为什么会那么做？"有时我们会特别想知道别人的心理。你会想，如果能真正了解这个人的性格或知道他在想些什么，就能使自己的人际交往更顺畅。

人的想法和行为会体现出个性。人们想要相互理解，就需要知道各自具有什么样的个性。如果能理解彼此的个性和性格，人际关系不就会变好了吗？从上下级之间、恋人之间，到亲子之间，要想处理好所有人际关系，最重要的一点可以说就是要了解对方。

于是，心理学就出场了。心理学就是解读人心理的学问。简单来说，就是研究"看到的行为"并由这个行为推断出"心理活动"。所以，研究他人的心理需要通过观察人的身体状态或行为，然后推断出隐藏在其中的内心活动。

比如说，只需要看一看对方的眼睛就能知道他现在是什么心情，从他的神态举止或口头禅等就能推断出他的心理活动。或者，从这个人的过去或家庭环境等也能推测出他的心理。这些涉及了心理学的各种领域。

本书将科学地解释"心理的构成"，并从这个心理学的观点出发，用浅显易懂的方式来为你解说他人的心理。希望大家读过本书之后能了解到，人的行为不管在什么情况下都会有其对应的心理活动，并且能重新认识到人的趣味性和复杂性。

涉谷昌三

目 录

前言 ·· 3
解读他人心理的学问 ··· 14
从这些地方了解他人的心理 ·· 16

第 1 章　从情绪和性格类型了解心理　　17～66

1 责备他人
　将挫败感（欲求不满）向外部发泄的类型 ·· 18

2 喜他人之不幸，妒他人之幸福
　通过与他人比较产生优越感和自卑感 ·· 20

3 把别人当傻瓜，诽谤中伤
　贬低对方的价值，想与对方平起平坐 ·· 22

4 谨小慎微
　时常感到不安 ·· 24

5 爱说恭维话
　为了得到对方好感的迎合行为 ·· 26

6 被别人的言行左右
　认为事物的结果受外在因素影响 ·· 28

7 什么流行就想要什么
　想与其他人保持步调一致 ·· 30

8 竞争意识强、急躁
　紧张压力导致心肌梗死或心绞痛的概率高 ·· 32

9 总想让自己看起来更好
　无法接受原本的自己 ·· 34

10 总想和别人待在一起
　亲和需求过强会带来更强的不安或孤独感 ·· 36

11 逃避争吵
　过度则会造成沟通不良 ·· 38

12 过度自卑
希望抬高对方以赢得好感的迎合行为 ································ 40

13 什么都依赖别人
寻求爱情和被保护，变得过分从属 ································ 42

14 不守规则，无法与周围协调
具有破坏者与改革者的两面性 ································ 44

15 希望时刻被关注
过度展示自己以吸引关注 ································ 46

16 "反正有别人去做呢"
在团体行动中不自觉地偷懒 ································ 48

17 被大家喜欢
展示弱点可以增加亲密度 ································ 50

18 在狭小空间会感到平静
胎儿期记忆与怀念子宫 ································ 52

19 狂热的粉丝
将群体与自我同一化 ································ 54

20 热衷占卜或心理测试
误以为笼统的一般性描述是对自己的准确描述 ································ 56

21 孩子气的男性
成年人的年龄却表现出孩子的行为和情感 ································ 58

22 妄想与幻想
妄想是精神疾病，幻想是逃避现实 ································ 60

23 无法接受衰老的女性
无法接受现实，会导致神经症 ································ 62

第 2 章 从口头禅和说话方式了解心理 67～106

1. **谎——"这是个秘密"**
   渴望展现自己的存在感，享受优越感 ······ 68

2. **爱吹牛**
   多为自尊感强的自恋者 ······ 70

3. **爱用晦涩难懂的语言和生僻字**
   知性化与自卑感并存，希望表现得博学多才 ······ 72

4. **喜欢传闲话**
   爱讲话，语言组织能力强 ······ 74

5. **喜欢过度使用敬语**
   希望保持距离的警惕性和自卑感 ······ 76

6. **"还是以前好"**
   被时代淘汰的不安感产生的逃避情绪和优越感 ······ 78

7. **热衷血型分析**
   群体归属的安全感与对人际关系的不安 ······ 80

8. **"暂时""先"**
   弥补自信不足的自我防御机制 ······ 82

9. **"所以""也就是说"**
   强烈的自我主张，爱讲理 ······ 84

10. **"我是个……样的人"**
    鲁莽地自我定义 ······ 86

11. **"好像……""似乎……"**
    说话时留退路，腹黑的"暧昧型" ······ 88

12. **"没什么""无所谓"**
    让对方不安，使周围人敬而远之 ······ 90

13. **"可是""即便是"**
    不停否定，吹毛求疵 ······ 92

14. **"和大家一样就好"**
    敷衍了事的依从型性格 ······ 94

15. **"反正"**
    不自爱，自我限制的放弃型 ······ 96

16 "大家都这么说""大家都这么做"
同调性和社会证明的心理 ··· 98

17 "没办法""只好"
给自己找借口（自我设障型）··· 100

18 睁眼说瞎话
既有善意的谎言，也有恶意的谎言 ································· 102

第 3 章 从行为和态度了解心理
107 ~ 154

1 回信慢
为掌握主导权故意拖延 ··· 108

2 不爱整理，不会整理
严重者可能是 AD/HD ·· 110

3 想要的东西都要弄到手
渴望自身价值被认可的一种表现 ···································· 112

4 想对陌生人诉说自己的经历
想让别人肯定自己的人生 ··· 114

5 蛰居族、啃老族
看似懒惰，实则苦于内心的焦躁不安 ······························ 116

6 喜欢在网上写评论
缓解不擅长社交又渴望与人亲近的矛盾 ·························· 118

7 总想坐后排
喜欢就靠近，不喜欢就远离 ·· 120

8 把私人物品带到工作场所
宣示自己的地盘（私人空间）··· 122

9 压力性暴饮暴食
从单纯的暴饮暴食到进食障碍 ······································· 124

10 戒不了赌
对偶尔能得到意外之财的"部分强化"着迷 ····················· 126

11 戒不了烟
身体上和心理上的两种依赖状态 ··································· 128

12 不停地考取专业资格证书
无法放弃任何可能性，无法决定自己的生活方式 ············ 130

7

| 13 | **聚餐也不爱说话**
无法与他人进行自然的对话，闲聊恐惧症 … 132

| 14 | **喜欢华丽的装束**
有效缓解不安感和自信不足 … 134

| 15 | **反复整容**
认定自己长得"丑"的躯体变形障碍 … 136

| 16 | **没有太阳也要戴墨镜**
获得心理上的优越感，改变形象的道具 … 138

| 17 | **经常自己笑出来或自言自语**
如果旁人都觉得"奇怪"，则可能是感统失调症 … 140

| 18 | **无法抵挡"免费"的诱惑**
没有比免费更贵的东西，常伴有意外的支出 … 142

| 19 | **突然情绪失控甚至诉诸暴力**
无法遵守社会规范的反社会型人格障碍 … 144

| 20 | **夫妻经常争吵**
被压抑的情感得到释放，精神得到宣泄 … 146

| 21 | **爱嚼口香糖**
有助于安抚焦虑，让内心平静下来 … 148

| 22 | **一开车就像变了一个人**
坚信自己拥有像汽车一样无所不能的力量 … 150

第 4 章　从外表了解心理

155～176

| 1 | **不想说话时的信号** … 156
注意对方的动作 … 156

| 2 | **从手、手腕的动作了解说话时的心理** … 158
表示警惕的手部动作 … 158
接受还是拒绝 … 158
注意说话时的手部动作 … 159
手摸了哪里 … 159

| 3 | **从头部等动作了解说话时的心理** … 160
身体动作与情绪相关联 … 160
从点头的方式了解心理 … 161
还要注意这样的态度 … 161

4 从脸型、五官、表情能看出什么 ·············· 162
从脸型解读性格 ··············162
影响人际关系的"符号化"与"解读" ··············163
通过眼睛的大小了解性格 ··············164
自尊心的强弱看鼻子 ··············164
行动力看嘴形 ··············165
恋爱倾向看唇形 ··············165

5 从眼睛的动作了解说话时的心理 ·············· 166
眼睛正看向哪里 ··············166
眼睛的运动方式 ··············167

6 从笑的方式了解性格 ·············· 168
各种笑的方式 ··············168
笑的频率 ··············168
如何辨别假笑 ··············169

7 使内心平静下来的手、手腕动作 ·············· 170
不安时的下意识动作 ··············170

8 从脚的动作了解说话时的心理 ·············· 172
说话时的下意识动作 ··············172

9 风格喜好展现个性与心理状态 ·············· 174
从发型了解心理 ··············174
从领带了解心理 ··············175
喜欢戴帽子 ··············175
喜欢佩戴饰物 ··············175
热衷名牌 ··············175
从颜色喜好了解心理 ··············176

第 5 章 在职场中解读心理   177～214

1 善于让别人接受自己的意见
根据不同的氛围适时改变说话方式和话题 ··············178

2 痛骂下属失误的上司
把强烈的自卑情绪转嫁给下属 ··············180

3 不断表扬就会进步
使人产生动力的自我实现预言与皮格马利翁效应（期望效应） ··············182

4 受到特别对待就会得意忘形
满足自我表现欲，获得快感 ··············184

5 紧急情况下也能应对自如
挫折耐受力使人能遇事冷静判断、应对 ... 186

6 独占功劳的上司
崇尚权威，只关心如何自保 ... 188

7 爱偷懒
对工作没兴趣，社会性懈怠 ... 190

8 把"太忙了""没时间"挂嘴边
没有时间管理的能力，统筹能力差 ... 192

9 开会时爱坐在门边
总担心"自己表现不佳怎么办" ... 194

10 善于表现自己
了解自己的人也能准确把握周围状况 ... 196

11 比起业绩，更关心地位或权威
与进取心相反，是一种自卑的表现 ... 198

12 讲究外表的商人
给客户留下好印象就能得到工作机会 ... 200

13 善于奉承
获得对方好感的一种交流方式 ... 202

14 不善交际的年轻人
对人感到强烈不安、缺乏非言语沟通方式 ... 204

15 频繁跳槽
不停追求理想的"青鸟综合征" ... 206

16 压力导致的"上班恐惧症"
越是认真努力的人越容易患上的心病 ... 208

17 突然感觉浑身无力
干劲十足的人易患的"身心耗竭综合征" ... 210

第 6 章　恋爱中的心理　215 ~ 251

1 如何选择结婚对象，男女有不同
女性看社会地位和数字，男性看外表和性格 ... 216

2 横刀夺爱的女人和甘愿付出的女人
垂涎他人之物的掠夺之爱和在付出中获得快乐的奉献之爱 ... 218

3	**失恋之后更容易接受爱意吗**
	在对方缺乏自信时示好更易获取芳心 ······220

4	**去迎合倾心之人的喜好**
	为了得到心仪对象的关注而刻意表现 ······222

5	**人为什么会一见钟情**
	认定"理想中的异性＝喜欢的人" ······224

6	**出轨的原因男女不同**
	男性出轨是为了满足性欲，而女性则是出于对丈夫不满 ······226

7	**女性能立刻察觉男性的出轨**
	女人的直觉能识破伴侣的出轨 ······228

8	**为什么殷勤的男士更受欢迎**
	不图回报地满足女性所需 ······230

9	**更容易被与自己相似的人吸引**
	选择彼此相似的人的匹配假说与相似性原则 ······232

10	**选择与自己性格互补的对象**
	喜欢能弥补自己不足的人 ······234

11	**爱得越艰难感情越强烈**
	误以为遭到的反对越多爱就会越深 ······236

12	**喜欢上自己帮助过的人**
	让自己接受"因为喜欢对方才帮忙"的认知不协调理论 ······238

13	**共同经历过紧张刺激之后容易产生恋情吗**
	误以为自己心跳加快是源于对异性的心动的错误归属 ······240

14	**跟踪狂心理**
	自恋型人格障碍、反社会型人格障碍 ······242

15	**迷恋"食草男""渣男"的女人**
	可以轻松交往的食草男和让人难以放弃的渣男 ······244

译者的话 ······250

超实用！"他人心理"

1 性格分辨法 ······ 64
- 克瑞奇米尔的气质体型说 ······ 64
- 荣格的类型论 ······ 65

2 认识未知的自己 ······ 66
- 乔哈里视窗 ······ 66

3 识破谎言的方法 ······ 104
- 通过表情和脸部动作识别 ······ 104
- 通过肢体动作识别 ······ 105
- 从对话中识别 ······ 105

4 人在什么情况下会说谎 ······ 106

5 从选择座位的方式上了解心理 ······ 152
- 两人交谈时的座位选择 ······ 152
- 三人以上交谈时的座位选择 ······ 154

6 说服别人的技巧 ······ 212
- 登门槛（得寸进尺法）······ 212
- 让步性（以退为进法）······ 212
- 虚报低价（要求对方先做出承诺）······ 213
- 片面提示（只介绍一个方面）······ 213
- 两面提示（好坏两个方面都介绍）······ 213

7 激发下属干劲的方法 ······ 214
- 制造完成目标的动力 ······ 214
- 公开承诺 ······ 214
- 制造外部动机（萝卜与大棒）······ 214

8 爱情颜色理论"6 种类型的爱" ······ 246
- Lee 提出 6 种类型的爱 ······ 246

9 从这些细节能看出男女间的亲密度 ······ 248
- 对视方式 ······ 248
- 姿势与身体的朝向 ······ 248
- 两人间的距离 ······ 249

- 姿势回应 …… 249
- 腿的交叉方式 …… 249
- 身体接触 …… 249

心理学小知识

去哪里找问题的原因 …… 19
过低的自我评价易导致抑郁症 …… 41
"过气"女演员综合征与更年期障碍 …… 63
女人之间的传言始于"市井会议" …… 75
能带来幸福感的怀旧之情 …… 79
一种自我心理防御机制——五月病 …… 83
习得性无助——马戏团大象的故事 …… 97
"谎言"在英语中的各种表现形式 …… 103
期待"一招逆袭" …… 127
导致心理危机的同一性混乱 …… 131
有关角色和服装的监狱实验 …… 135
"皮格马利翁"出自希腊神话 …… 183
征婚风潮的背景 …… 217
男女之间存在友情吗 …… 219
女人的第六感什么时候启动 …… 229
精神分析学家提出的阳具性格 …… 233
什么样的男性能给人安全感 …… 237

解读他人心理的学问

心理学是通过考虑语言、历史、文化、技术等各个方面与内心的关系来解读人的心理的一门学问。我们在推测人的心理时，会应用到经过专业细分的各个领域的心理学。

心理学

基础心理学

- 研究心理学的一般规律 ● 聚焦于群体 ● 研究方法以实验为主

发展心理学	觉知心理学	社会心理学
 幼儿心理学 儿童心理学 青年心理学 老年心理学	学习心理学 （行为分析） 巴普洛夫	认知心理学 （思维心理学）
话语心理学	变态心理学	人格心理学
生态心理学	数理心理学	计量心理学

- 将基础心理学中获得的规律和知识应用于实际问题中
- 聚焦于个体

应用心理学			
	学校心理学	教育心理学	临床心理学（心理咨询等）
	工业心理学（组织心理学）	犯罪心理学	
		社会心理学	法庭心理学
	环境心理学	灾难心理学	家庭心理学
	健康心理学	运动心理学	交通心理学
	宗教心理学	艺术心理学	性心理学
	经济心理学	政治心理学	历史心理学
	空间心理学	民族心理学	军事心理学

从这些地方了解他人的心理

当你看到别人时会想:"他为什么会做出那样的行为呢?"。实际上,多数情况下,人是根据连自己都注意不到的心理(潜意识)活动而做出某种行为的。为了弄清这种潜意识,我们可以通过观察他人身体上表现出来的各种各样的动作或信息,找到隐藏在这些背后的心理活动的线索。

动作

手、手腕或脚也会表现心理活动。注意这些部位的动作方式。

表情

从表情或不同的笑容中可以读取他人的情绪或深层心理活动。

视线

"眉目传情",从眼睛可以推断出人深层的心理活动。

穿着

从喜好的颜色、发型、时尚等推测性格、爱好及心理。

行为模式

从路怒症、喜欢坐在靠近门的位置等行为模式中看出人的心理。

口头禅

从不知不觉说出的口头禅推测人的深层心理或性格。

第 1 章

从情绪和性格类型了解心理

责备他人
将挫败感（欲求不满）向外部发泄的类型

欲求不满的排解方法

你身边是不是也有一两个**总爱责备别人**的人呢。

比如说，当工作上出现了失误的时候，他对自己的错误视而不见，反而去责备别人——"是因为领导的指令不对""都怪同事××工作做得太慢影响到了自己"或"谁让客户忘了说呢"——没有一句是对自己的反省，全是在高声强调自己错误的合理性。如果总是一味地去埋怨，很可能会搬起石头砸了自己的脚，别人反而不会受到影响。

像上面所举的例子那样，在心理学中，根据不同的对**挫败感⊖的排解方法**，可以将人分为三类：将挫败感向外发泄的**外罚型**；认为"失败是自己的错""都是因为自己不够努力"，将挫败感发泄到自己身上的**内罚型**；既不向外部发泄，也不向内部发泄，而是认为"没办法"的**不罚型**。

易导致抑郁的内罚型

在刚才的那个例子中，一个人由于工作上的失败而产生了挫败感，进而将这种挫败感发泄给了自己的上司、同事，也就是发泄到自己以外的地方，可以说这是一个典型的**外罚型**的例子。这类人很多在家庭内部也会将情绪转嫁给其他家庭成员，让家中弥漫着愤怒的情绪。这么做，虽然本人不会蓄积压力，但对身边的

⊖ **挫败感**：指需求的实现受阻，无法被满足的状态，或指因此产生的不快、紧张、不满等情绪。

人来说就会造成巨大的困扰。他们被认为是**易怒且不负责任**的人。

而**内罚型**的人则会给人以**谦虚且责任感强**的印象，能获得众人的好评，但**本人却会承担很大的压力。容易出现抑郁倾向**的也是这一类型。而**不罚型**可以说是在社会中最易生存的类型。但同时，由于他们不去认真思考出现的问题，**一直是稀里糊涂的**样子，所以总会**重复犯同样的错误**。

了解自己的反应倾向

这里我们并不是评价哪一种反应类型更好，而且自己的反应类型也有可能根据不同的对象发生改变，时而是外罚型，时而又变成内罚型，呈现出复杂多变的状态。因此，不能一概而论。

不过，如果了解了自己的反应倾向，就能够进一步去探究让自己活得更轻松的方法。在反观自己的言行时，如果总体上感觉到自己的外罚型反应更明显的话，那么只要改变那种一味责怪别人的倾向就可以了。而如果觉得自己的内罚型反应或不罚型反应更强的话，就可以去强化其他类型的反应模式。

> **心理学小知识**
>
> ### 去哪里找问题的原因
>
> 有一种与"外罚型""内罚型""不罚型"分类法非常相似的理论，叫作"归因理论"。它根据人们对于问题或不满的原因如何进行解释而进行分类。
>
> "外在归因型"的人认为，原因在于自身以外的他人或周围的状况。而"内在归因型"的人则相反，认为原因在于自身的态度、能力或性格等。两者分别与"外罚型"和"内罚型"有相同之处。即使失败了，外在归因型的人由于不会去自我反省，也容易不断重复相同的错误。
>
> 而内在归因型的人，则倾向于过分反省自己不够努力或能力不足，容易一人承担全部责任，不善于为人处世，因此更容易积蓄压力。

喜他人之不幸，妒他人之幸福

通过与他人比较产生优越感和自卑感

他人的不幸和自己的幸福

有句话叫做**"将自己的快乐建立在别人的痛苦之上"**。这句话让人倍感凄凉，但可以说正因为很多人都对此有同感，它才成为一句俗语被广泛使用。比如，虽然知道"一个嫁入豪门的同事离婚了""精英家庭的长子因为偷东西被劳教"这样的流言是不道德的，但估计很多人听到这种传闻后内心都会有愉悦的感觉吧。大家可能会说些同情的话——"那可太糟了""希望他能早日改邪归正"——但那只是为了掩饰自己内心"希望自己被认为是一个善良的人"的真实想法。

在这些表现背后，包含着一种**陶醉于**"和他们相比，我很幸福"**的优越感之中的心理**。特别是，当对方的过去越是辉煌，那么"现在我过得更好"的意识就越强烈，就好像自己赢了比赛一样。即使是对满腹经纶、学富五车的文化人来说，这也是一种最普通的情绪。一些总想随便打听别人的学历或工作的人，内心其实也有着类似的心理。这种心理源自一种**想从对方的信息中发现弱点从而使自己陶醉于一股优越感之中的愿望**。

嫉妒他人的幸福实则是自卑的表现

人们**倾向于在与他人的比较中确定自己的优劣地位**。并且，**自尊感情**⊖ 越弱，这种倾向性就越强。

⊖ **自尊感情**：对自身给予肯定评价的感情。认为自己是有价值的，应该被尊重。

嫉妒他人幸福的心理也可以用这种理论来解释。比如，听说朋友要结婚了，就会想"小王人长得漂亮，身材又好，而且还遇到了一个优秀的伴侣。再看看我，又丑又没男朋友……"，并因此而自卑。或者，得知同事受到了领导的重用，会想"像他那样的人就会耍嘴皮子，连这都看不透只能说领导太笨了"，因而愤愤不平。

这也是由于与他人比较后感觉自己不如别人好，受到自卑感刺激后做出的一种反应。

要想从这种情绪中解脱出来，就需要增强自己的自尊感情，关键是不要在与他人的比较中患得患失。

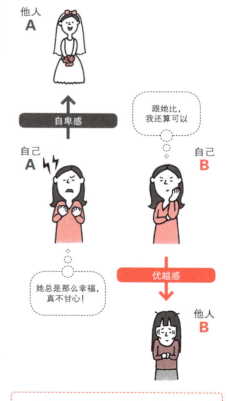

如何从自卑中解脱出来

人们会从与他人的比较中产生优越感或自卑感。碰到不如自己的人会产生优越感，而见到幸福的人则会感到自卑。

如果能做到即使不与他人做比较也能够自我认同（增强自尊心），便可摆脱自卑感。

把别人当傻瓜，诽谤中伤

贬低对方的价值，想与对方平起平坐

自卑情结也有积极的一面

任何人都会因为感到自己不如别人而沮丧。**自卑情结** ⊖ **是人类具有的极其自然的情感之一**，很多人都时常因为自卑而苦恼。

它是一种让人痛苦的情绪，但也正是因为有了它，人们才能够成长。"不想输给×××"的想法会成为原动力，使人最终能够取得丰硕的成果。并且，自卑情结作为一种桥梁，还能让人们相互打开心扉连接彼此。因此，自卑情结也并不总是消极的。

为了消除自己的自卑情绪而去批评他人

只是，如果这种自卑情绪太过强烈，就会使人极度不自信，整个人变得没精打采。而且还会影响到与他人的正常交流。其中之一就是**"贬低心理"**。当遇到比自己优秀的人时，这种心理便开始发挥作用。为了消除自己的**自卑情绪**而去贬低对方的价值，好让自己能跟对方平起平坐。

举个例子，假如同事小张的企划书得到了领导的赞赏。你听到这个消息后就会对他产生各种批判——"哼，那个企划只不过是个再平常不过的主意""都是因为小张有手腕，会讨好领导罢

⊖ **自卑情结**：原指错综复杂并相互起作用的感情。但在日本，多指感到自己不如别人的感情，又称"劣等感"。

了"——这就是源于"贬低心理"。在这样的心理活动中,你希望通过贬低小张,让自己感觉并不低人一等。

有的人动不动就批评别人,实际上,很多时候是**他的自卑情结让他采取了这种对人的态度**。我们不是常说这么一句话,"越胆小的狗越爱叫"。

但是,这样做会失去他人的信任,对自身的发展也没有好处。如果你感觉到某人令你气愤,那么不妨问问自己,这种愤怒到底是来自于自己的哪种情绪。

各种各样的情结

说到情结,我们大多数时候都是指自卑情结。不过除此之外还有其他各种各样的情结。

恋母情结
成年男性一直和母亲维持着与年龄不相符的依赖关系,而且并不因此感到疑惑或矛盾的状态。

白雪公主情结
母亲虐待自己的孩子,虽然知道不应该这么去做,但还是停不下来,并在这种矛盾中挣扎。

该隐情结
指兄弟之间的矛盾或对抗。这个出自于《旧约圣经》创世纪第4章中该隐与亚伯兄弟的故事。由于嫉妒弟弟亚伯,哥哥该隐在盛怒之下杀害了弟弟亚伯,他也因此被上帝放逐到了伊甸园东边的挪得之地。

姐妹情结
异性兄弟姐妹之间怀有的被压抑的性爱情感。

萝莉控
中老年男性对少女怀有的被压抑的性爱情感。"萝莉"一词源于俄罗斯作家弗拉基米尔·纳博可夫的小说《洛丽塔》。

灰姑娘情结
女性希望被男性帮助,渴望被男性保护,从而无法自立的状态。

谨小慎微
时常感到不安

更强烈并持续地感到焦虑不安

你是否曾在出门后突然担心起"到底锁好门了没有"？我们都会因为不记得无意中做过的事而担心。但如果因为担心门没锁好而反复确认多次，最后导致迟到甚至无法出门的话，那就有可能是**强迫症**⊖了。

强迫症（OCD：Obsessive-Compulsive Disorder）**属于焦虑障碍的一种疾病类型**。其症状表现为，由于内心反复出现焦虑不安而引起强烈痛苦的**强迫思维**，以及为了减轻强迫思维产生的焦虑而采取的**强迫行为**。当同时具有这两种症状时，则可被诊断为强迫症。

对一般人来说，即使会出现一些不安，过一会儿就会忘掉，而强迫症患者则会反复出现，并且无法阻止由此产生的强迫行为。就算是本人已经意识到"过头了"，也不得不继续这么做。状况严重的话，不仅会影响到正常的生活，还有可能会导致患者发展成**蛰居族**（➡ P116）。

通过治疗，有望缓解

强迫症患者会出现担心自己将伤害他人的**加害焦虑**，相反，

⊖ **强迫症**：以前被称为强迫性神经症的一种精神疾病。以强迫思维和强迫行为为主要特征。紧张压力会导致恶化，但施以药物疗法有望得到缓解。

也担心自己会伤害自己的**被害焦虑**，以及担心会误将重要的物品扔掉的**保管焦虑**等。

1994年，在四大洲的7个国家范围内进行的一项调查显示，强迫症人群不分人种，人数约占总人口的2%。虽然还没有完全搞清楚致病原因，但普遍认为其与大脑的神经传导物质——血清素有关。

近年来，随着对强迫症研究的不断深入，通过药物疗法等手段已经能够将患者的症状控制在不影响日常生活的程度。建议有需要的人首先去医院精神科或心理科就诊。

强迫症的典型症状

强迫症是一种为了消除内心反复出现的焦虑不安而做出某种行为的焦虑障碍。常见的情况有以下几种：

对加害的焦虑

过分担心自己会伤害到他人。比如，在站台上担心自己会误将他人推下站台。

对卫生的焦虑

由于担心污染而反复清洗。比如，从外面回到家必须马上洗澡，并换掉所有衣服。

回避

避免采取会引起强迫性状态的行为。比如，因为总担心门没锁好，索性不出门。

对正确性及顺序上的要求

物品的位置必须左右对称，或沿直线整齐排列等。特别注重物品的摆放。

爱说恭维话
为了得到对方好感的迎合行为

为什么会说恭维话？

"大家总是围着你，因为你的人品好嘛""孩子优秀是由于您教子有方啊"。如果听到这样的赞美，任谁也不会有不好的感觉。**对赞扬自己的人有好感**是一种很自然的反应。

如果这些赞美都是出于本心的话自然是好的，可如果只是**恭维**，那么说这些话的人又是出于怎样的心理呢？

在心理学术语中，有一个词叫**迎合行为**，指**为得到对方好感的言行**。迎合行为有说恭维话或赞同对方意见等各种表现形式。比如，贬低自己——"我太笨了"。说自己笨只是做出一个姿态，这是出于一种**想通过让自己看上去更卑微而抬高对方的心理**。

举一个切身的例子，我们都听过"笑脸相迎"这个词吧。在和一个面无表情的冷漠的人讲话时，你会担心"他是不是生气了"。为了避免这种担心的迎合行为就是微笑。

然而，过度的迎合行为也会起到相反的作用，让人感觉不愉快。当感觉到别人明显是在奉承或有人生硬地表示亲切时，你会不会心生厌烦？这时，你就当"他这样做是想博得我的好感"吧，只是方法不太合适。如果能这么想，也许就不会再为此而焦躁了。

迎合行为的类型及组合方式

迎合行为有几种类型,而常见的是多种类型组合的模式。

赞美

通过说恭维话来让对方高兴,这是最常见的迎合行为。然而,如果明显是违心的话则会适得其反。

过分谦虚

与赞美相反,这是一种通过自我贬低来抬高对方的做法。多见于本身已经是低自我评价状态却仍自我贬低的行为(➡P40)。

亲切

关注对方的行为,尽量照顾周全。

赞同

赞同对方的意见:"您说得对"。同调行为(➡P30)可以产生伙伴意识,但如果重复次数过多,就会给人"没有主见"的印象。

被别人的言行左右
认为事物的结果受外在因素影响

什么都听别人的人的心理

请大家回想一下自己的学生时代。你是那种每次考试前都会认真复习以期好成绩的类型吗？还是会靠押题去赌一把的类型呢？

认为事物的结果取决于自己的人会努力学习。反之，认为事物的结果很大程度上受外在因素（运气、老师的教授方式、题目的难度等）影响的人就可能会热衷于押题。在心理学上，前者被称为**内因控制型**，后者被称为**外因控制型**。

外因控制型的人认为事物的结果受外因影响，因此对周围状况较敏感，容易随波逐流，容易被他人影响。比如，即使是押题，也不是靠自己想，而是把朋友押的题照搬过来。

他们在没考好的时候也能给自己找到借口，比如，怪朋友押错了题目，或归咎于老师教得不好。因此，他们不会为成绩不好而烦恼，看上去就是一副毫无压力的样子。但是，即使考得不错，他们也同样会认为自己的成功得益于外在因素，所以基本得不到**自我效能感**⊖，也找不到去开拓自己人生的自信。

我们在这里举了一个期末考试的例子，但在升学、就业等事情上也是一样，这类将自己的事随意交给他人来决定的人被称为外因控制型。

⊖ **自我效能感**：能通过自己的努力使事物发生改变的感觉。这是由加拿大心理学家阿尔伯特·班杜拉首先提出。

外因控制型与内因控制型的人格

认为事物的结果受外在因素影响的类型为外因控制型；而认为可以靠自己的努力改变事物结果的类型，是内因控制型。

外因控制型的人格

- 依赖的
- 易放弃
- 责任转嫁
- 被动的
- 无精打采
- 闷闷不乐

认为事物的结果受外因影响

内因控制型的人格

- 积极的
- 干劲十足
- 完美主义
- 主动的
- 过于努力

认为可以靠自己的努力改变事物的结果

什么流行就想要什么

想与其他人保持步调一致

为什么会有流行

过去，日本高中女生流行过一阵女鬼妆。这种被称为"黑脸妆"的独特妆容无论是日本人还是外国游客见了，都会大为吃惊。她们走在街上绝对能吸引一众好奇的目光。但如今，这种妆容的女孩子已难觅踪影了。

在流行的东西中，总有一些会让人产生"为什么会如此受欢迎"的疑惑。这个现象的背后是一种**想与周围人保持步调一致的心理**在起作用。我们称之为**同调行为**。比如，当听说"某某牌子的包包现在很抢手"后，即使原本毫无兴趣，但却不知为何会突然觉得它好像也不错，最后自己也去买了一个。这就是一个同调行为的典型例子。

在各种不同情况下表现出的同调行为

同调行为不只出现在流行方面。比如，"开会时，对于大家都赞成的意见，即使自己内心不赞同，也会随大流地跟大家保持意见一致"或"逛街时，看到有人排队的店铺，自己也会想去排队买来试试"，这些现象也是同调行为的一种。

以前，大家都认为日本人更在意别人的行为，更容易做出同调行为。不过，最近的研究显示，不只是日本人有这样的倾向。

消费行为中表现出的心理

在与同调行为相关的术语中,有一个叫做"乐队花车效应"。它是指,只要出现"现在流行XXX"的信息,就会进一步加速流行的现象。所谓乐队花车,就是在游行队伍最前面载有乐队的花车。

乐队花车效应

时尚杂志

如果时尚杂志中刊登了"今年的流行色是茶色"的专栏,那么看到这个的人们就会去购买茶色的大衣和靴子。

卖场

很多人深信"大家都在买的东西就一定是好东西"。于是商家在新品发售时,会利用"广受年轻人欢迎的XXX"之类的宣传语让人们产生这种想法。

稀缺效应

与乐队花车效应相反,如果某件商品因为流行而被广泛购买,那么这件商品就会越来越不值钱,我们称之为"稀缺效应"。消费者出于希望区别于他人的**差异化需求**⊖,会更看中限量商品的价值。

⊖ **差异化需求**:希望自己与他人不同,且比他人更好的愿望。反之,希望自己与所属群体保持同调的愿望被称同一性需求。

⑧ 竞争意识强、急躁
紧张压力导致心肌梗死或心绞痛的概率高

易患心脏疾病的 A 型性格

你认为什么会引起心肌梗死、心绞痛等心脏疾病呢？当然，高血压或肥胖是主要原因。不过，我们现在还知道，实际上有一种被称为 **A 型性格**⊖ 的人患心肌梗死或心绞痛等症的概率也很高。

A 型性格的特点是**做事情目的明确、积极性高、精力充沛**。若短时间内被多项工作缠身，则**容易变得急躁而失去耐心**。他们十分**在意别人的评价，时常感到紧张和压力**。而且，他们还**有很强的竞争意识，具有攻击性**。虽然会因工作积极而崭露头角，但很多人也由于疾病而影响到事业的发展。纵观他们的人生，也不一定能够取得成功。

关于 A 型性格的人为何易患心脏疾病的原因还不是十分清楚，不过其与压力不无关系。

此外，还有一类与 A 型性格完全相反的 **B 型性格**，他们则**我行我素，毫无攻击性，时常处于放松状态**。他们罹患心脏疾病的比例只有 A 型性格的一半。

易患癌症的 C 型性格

最近，有一种被认为易患癌症的 **C 型性格**也时常被提起。这

⊖ **A 型性格**：20 世纪 60 年代，由美国心脏病学家弗雷德曼和罗森曼提出，认为该型性格易患心脏疾病。

从情绪和性格类型了解心理 第 1 章

类人的性格特点是**一丝不苟、认认真真，具有自我牺牲精神，忍耐力强，细心地照顾他人**，他们就**是所谓的"好孩子"**。虽然这些特质在日本被视为美德，但由于他们总是**压抑负面情绪而不表达出来**，会造成长期的慢性压力积累，对荷尔蒙的分泌和植物神经系统造成影响，导致免疫力下降。而自身免疫力差又会增加罹患癌症的风险。

癌症是各种错综复杂的因素相互作用的结果，并不能断言性格是其中一个主要诱因，但 C 型性格有可能成为风险因素。

性格特征与身体疾病之间的关系

一个一向精力充沛工作的人突然间晕倒不省人事……这样的事情时有耳闻。你的家人都还好吧？

A 型性格

有很强的实现目标的意识。精力充沛的积极分子。有很强的竞争意识和进攻性。总感到时间紧迫，做事急急忙忙。患心脏疾病的比例比 B 型性格的人多一倍。

B 型性格

我行我素，性格温和。没有竞争意识，攻击性低。

C 型性格

稳重。一丝不苟，认认真真。能照顾到周围环境。忍耐力强，不会表达负面情绪。一般认为，C 型性格或其行为会增加患癌症的概率。

注：并不是所有人都能被分为这三种类型。

总想让自己看起来更好
无法接受原本的自己

过分强调自我

尽管别人没问,有些人却总爱不停地谈论自己,而内容基本上都是**吹牛**。什么"现在这个项目没我不行"啦,什么"在大街上都经常被猎头公司选中"啦,亦真亦假,都是些强调自己多么优秀、多么有魅力的话。

听的人腻烦了,想换一个话题,可他马上又会说回到自己身上来,继续没完没了地吹牛。即便别人想奉承,也只有说"你真厉害"的份儿。你身边有这样的人吗?

自恋型人格障碍的人**自高自大**,认定自己是不同于普通人的**特殊存在**。他们认为,只有同样特别的人才能理解如此独特的自己。但同时,他们又希望获得周围人的赞美,如果得不到认可就会发脾气。**缺乏共情能力**,通常会**有目的地利用别人**。他们只关心自己,无法接受其他优秀的人,而且妄自尊大,嫉妒心强。他们认定自己必须是光彩夺目而卓越非凡的,无法喜欢上原原本本的自己,因此会出现各种失调现象。

这类人或 **IQ** ⊖ 高或相貌出众,年少时曾常常受到赞美也有可能成为他们性格形成的原因。

⊖ IQ:代表智商测试结果的数值。有两种类型,一种是根据"生活(实际)年龄和精神(智力)年龄的比值",另一种是同年龄被测试成绩相比的指数。

"自恋型人格障碍"自检表

若下列表现超过 5 个，则有可能是自恋型人格障碍。

☐ 觉得自己格外重要且优秀。
  例 ● 夸大自己的业绩或能力。
     ● 即使业绩平平，也希望别人认为自己很优秀。

☐ 陷于对无限的成功、权利、才华、美貌或理想的爱情的幻想中。

☐ 相信自己是特别的，只能被其他同样特别的或地位高的人（或机构）所理解。或者，相信自己应该与这些地位高的人（或机构）有关系。

☐ 渴望得到周围人更多的赞美。

☐ 毫无理由地渴望享有特权（特别优待），或希望所有人都按自己的意愿行事。

☐ 在人际交往中不恰当地利用对方（为了达到自己的目的利用别人）。

☐ 不愿尝试去理解他人的感受和想法，也不在乎（缺乏共情）。

☐ 时常嫉妒别人，或认为别人嫉妒自己。

☐ 行为或态度妄自尊大、高傲自满。

根据美国精神医学会发表的《精神障碍的分类与诊断手册》（DSM-IV）改编。

总想和别人待在一起

亲和需求过强会带来更强的不安或孤独感

亲和需求——一种自然的需求

有的人**总希望能和别人结成团体，和别人在一起**。比起男性，这种情况更多见于女性。比如，在学生时代，关系要好的同伴经常一起行动，甚至有的连上厕所都要一起去。工作以后也成群结队地去吃午餐，或下班后一起活动；自己当了妈妈以后还要加入妈妈群一起分享话题谈资……这种总想跟别人在一起的行为在心理学上可以称为**"亲和需求高"**。

所谓**亲和需求**，就是**渴望和别人在一起的心情**。渴望拥有朋友或恋人也是一种亲和需求。人是一种社会型动物，所以这是一种极为自然的需求。不过，亲和需求在个体身上体现出来的差别很大，在女性、长子⊖、独生子女以及善于交际的人身上会表现出更高的亲和需求。

另外，**人在感到不安或恐惧的时候，亲和需求也会变强**。据说在2011年东日本大地震之后，交友相亲类服务的注册数量激增。平时觉得独自生活很惬意的人可能也因这场大灾难而突然想和别人待在一起了吧。

亲和需求的负面作用

亲和需求高的人**善于交际，具有能够调和周围气氛的优点**。

⊖ **长子**：父母的第一个孩子。不分男女，但一般多指男性。

从情绪和性格类型了解心理 第1章

可是，有时这在职场中也会起反作用。比如说，当一个亲和需求高的人处于管理职位时，就容易以下属与自己的亲密程度而非下属的能力作为评价的标准。结果可能会对其他多数下属造成不公，或出现包庇亲信下属等错误情况。

再有，**如果亲和需求过强又无法得到满足时，就会感到强烈的不安或孤独**。一些人失恋之后由于无法忍受孤独寂寞，转而与无趣的对象交往，这就是一种亲和需求过高的表现。在回顾自身行为时，如果你注意到自己有一些类似的情况，那么即使只是察觉到，也能使行为有所改变。

亲和需求高的特征

所谓亲和需求，是指渴望和别人在一起的心情。这是人的一种最为自然的需求，但如果这种需求过强的话，会使人无法独立行事，从而产生一些问题。

- 喜欢给别人打电话或写信。
- 在气氛友好的状态下，经常与对方视线交汇。
- 时常需要别人的认同。
- 对于与自己意见相左的人表现出强烈的排斥。
- 在接受别人评价时容易变得不安。
- 相比有才能的人，更喜欢有亲和力的人。

注：日本人对于朋友的亲和需求要比对家人的亲和需求更高。

逃避争吵
过度则会造成沟通不良

现代人的沟通不良

没有人喜欢争吵。绝大部分人应该都希望生活平静安稳,但是,如果这种意愿过于强烈,就会连**良性沟通所必需的矛盾冲突**都要逃避。其结果将导致形成很多**沟通不良的人际关系**。在现代社会中,不只是与他人之间,就连夫妻之间、父母与子女之间也经常会出现沟通不良。

这里我想给大家讲一则德国哲学家**叔本华**㊀的寓言。在一个寒冷的冬天,两只豪猪想要聚在一起取暖。但是,如果彼此靠得太近,他们身上的刺就会伤到对方;而若离得太远,又会觉得寒冷。于是,他们就这样散开又聚在一起,反反复复了很多次之后,两只豪猪终于找到了既不会刺伤对方,又可以相互取暖的适当距离。美国的精神分析医生布拉克将之命名为**豪猪两难说**㊁。在思考现代人的人际关系时,这个理论非常具有启发意义。

通过不断尝试得到的适当距离

现在,有很多人一方面想与他人进行沟通交流,另一方面又不想与他人对立进而伤害到彼此。在这种左右为难中,他们无法

㊀ **叔本华**:亚瑟·叔本华(1788—1860),德国哲学家。日本的森鸥外、堀辰雄、荻原朔太郎等人深受其影响。

㊁ **豪猪两难说**:被相反的两种事物夹在中间,无法同时选择这两个选项,是一种左右为难无所适从的状态。如果有三个选项则称为三难困境。

找到与人交往的适当距离。于是，挫折感越来越强，有些甚至会出现暴力行为。由此导致的伤亡案件也早已屡见不鲜了。

在我们思考与某人的关系时，如果感觉已经陷入了"豪猪的两难"之中，那么，在人际关系上勇敢地向前迈出一步也许不失为一个好方法。即便会因此产生矛盾冲突也无妨，因为这是进行沟通的必经之路。

豪猪们也是通过不停的尝试，在不断受伤的过程中找到了适当距离。因此，如果你理解了"不受伤就难以获得良性沟通"的意思，那么也许从此刻开始，你的人际关系就会有所改善。

豪猪两难说

有时，矛盾冲突也能达到沟通的目的。这种意识是非常重要的。

1 在一个寒冷的冬日，两只豪猪想要靠近彼此相互取暖。

2 但他们身上的尖刺伤到了彼此。

3 可如果离开太远又会觉得很冷。

4 经过不断尝试，它们最终找到了恰到好处的距离。

过度自卑
希望抬高对方以赢得好感的迎合行为

"我很笨"的表达背后

有些人**动不动就**说"我很笨"之类的话来**贬低自己**。而大多数时候,他们其实并非真的那么想,只是装个样子罢了。他们是**希望通过故意贬低自己来抬高对方,从而获得对方的好感(迎合行为➡P26)**。在实际生活中,如果女性娇滴滴地说上一句"我太笨了",大多数男性可能都会想"没办法。我得帮帮她"。

或者,也有人是想通过这样说来给自己**留余地**,以免当别人真的觉得"他很笨"的时候太受伤。

有时候,过分自我贬低其实是**希望听到对方对此的否定**——"才不是那样的呢"。通常,缺乏自信或很少被赞扬的人(自我评价㊀低的人)为了**安抚自尊心**,会通过故意贬低自己来让别人否定这种贬低。然而周围人每每听到这种自我戏谑的话,可能都会感到些许厌烦吧。

不管怎样,可以说这类人非常在意别人对自己的看法。

如何提高自我评价

法国精神科医师克里斯托弗·安德烈说过,**"认为别人如何看待自己"是有关自我评价的重要因素**。

㊀ **自我评价**:自己对自身的评价。与之相对的是他人评价。肯定的自我评价也称为"自信"。

比如，当成为一个项目的负责人时，有些人会产生积极正面的想法——"要做一个值得大家信任的好领导"；而也有些人会感到不安——"大家会不会对我当领导心怀不满"？

根据自我评价的不同，人们对事情的应对方式也各不相同。自我评价高的人即使在严峻的状况下也能够自信地采取行动。而自我评价低的人则容易产生消极的想法，导致项目以失败告终，而这又将进一步降低自我评价，从而陷入这样的恶性循环之中。

如果你察觉到过低的自我评价导致自己生活质量有所下降的话，适当进行一些提高自我评价的训练不无裨益。

实际上，别人并非是如你想的那样看待你的。想要提高自我评价，就不要去在意别人的看法，更不要与别人比较，去追求属于自己的成就感、满足感和乐趣吧。

心理学小知识　过低的自我评价易导致抑郁症

"自我评价低"只是一种性格特征。然而，自我评价低、自我否定情绪强烈的人无力改变自身状况，因此时常会出现抑郁状态，甚至患上抑郁症。而且，自我评价越低，抑郁程度就会越严重，恢复起来也就越困难。反之，自我评价高的人为了保持较高的自我评价就必须不断努力，而稍遇挫折或失败就会感到失望，也有可能导致抑郁症。

这是一个非常容易混淆的问题。"自我评价过低"是抑郁症的症状之一。原本自我评价高的人，在患抑郁症以后，自我评价也会变低。

什么都依赖别人
寻求爱情和被保护,变得过分从属

口头禅是"我自己决定不了"

曾经因有家长跟着孩子一起参加大学开学典礼的事而引发过社会议论。最近,家长干预孩子的求职、跳槽乃至婚姻的事件也并不鲜见。对于始终无法自立的日本年轻一代的嘲笑也许不无道理。

在这些人之中,如果依赖性变得过强甚至达到了病态程度的话,就有可能是**依赖型人格障碍**。

依赖型人格障碍的人**对自己的适应力或意志力没有自信**,他们深信,"靠自己一人无法在这个残酷的世界中生存",于是会**紧紧抓住与亲密之人(母亲、配偶或恋人等)的依赖关系**。

"如果我被自己依赖的人抛弃了怎么办?"这类人时常抱着这种不安的心情,因此不会提出一些违背依赖对象的意见或价值观㊀。而是**将他人的需求优先于自己的需求**,即使是自己讨厌的事也会积极去做。并且,他们害怕听到别人说:"你自己一个人也可以做到",于是便不再去努力提高自己的能力。用被动消极的态度**告诉周围人"我是一个应该被保护的存在",并以此寻求爱情与被保护**。

他们相信别人比自己有能力,经常会把"我自己决定不了""我不知道该怎么办"这样的话挂在嘴边,**逃避对自己人生的主体责任**。

㊀ **价值观**:对于事物重要与否的判断。按重要程度给事物排序。是决定人行为的重要因素之一。

第 1 章 从情绪和性格类型了解心理

父母的过度干涉会毁掉孩子

这类人格障碍更多见于女性，其原因有可能是父母的过度干涉。当孩子做出自立的行为时，得到的是父母的批评指责，而只有在听话的时候才能获得宠溺，这种养育环境会扼杀孩子的自立意识。

美国的流行病学㊀调查显示，依赖型人格障碍的发病率约为总人口的1%~2%。然而，在日本，由于孩子在青春期以后仍与母亲保持亲密关系，这个数字可能会高于美国。

"依赖型人格障碍"自检表

若下列表现超过5个，则有可能是依赖型人格障碍。

- [ ] 即使是日常琐事，也必须得到很多建议和保证才能做决定。
- [ ] 自己生活的方方面面都想让别人来负责。
- [ ] 害怕失去别人的支持和信任，无法对别人的意见表示反对。
- [ ] 由于对自己的判断和能力没有自信，无法独自订立计划或决定事情。
- [ ] 为了获得别人的爱和支持，会去做一些自己不喜欢做的事。
- [ ] 自己的事情都无法独立完成，会因此感到强烈的恐惧和无力感。
- [ ] 当一段亲密关系结束后，会拼命去寻找下一个新的能照顾自己支持自己的关系。
- [ ] 时常担心自己会被别人放弃、得不到他人的照顾，并陷入对此的恐惧中，甚至到了不现实的程度。

根据美国精神医学会发表的《精神障碍的分类与诊断手册》（DSM-Ⅳ）改编。

㊀ **流行病学**：以群体为对象，对疾病或受伤等的发生原因、分布以及变化发展等进行调查的学科。它源于对传染病的研究，最近也将公害和灾害等列入研究对象。

不守规则，无法与周围协调

具有破坏者与改革者的两面性

调皮捣蛋的问题儿童

上学的时候，班里总会有一个**问题学生**，他不听老师的话，肆意破坏规则，特别喜欢调皮捣蛋，还经常想出一些鬼点子，让别人掉入圈套，有时他自己也会不慎掉进自己设下的圈套里。不过，如此爱搞恶作剧的人，也能够创造出一些新鲜的游戏来，真是一个让人又爱又恨的角色。

就让我们从**小丑**的观点来看看这种性格。

小丑是**神话传说中破坏神界或自然界秩序、搅乱故事惹是生非者的总称**。瑞士心理学家荣格在其著作《原型论》中，将小丑作为**原型（Archetype）**㊀之一，属于**自我的性格类型**。他们具有打破社会文化规则，对混乱无序的精神及边界毫不在意的意识。日本人最熟悉的此类型人物要算吉四六㊁和孙悟空了。除此之外，还有凯尔特神话中的圣帕特里克、希腊神话中的普罗米修斯以及北欧神话中的洛基等等，不胜枚举。

小丑**一方面会破坏秩序，另一方面又能创造出新的文化，具有两面性**。很多艺术家都是具有这种特征的人。

这类人由于不遵守规则，时常让人感到困扰，但有时又能够打破痛苦的现状。因此大家对他们的评价也褒贬不一。

㊀ 原型（Archetype）：荣格提出的一个概念，代表人与生俱来的共通的类型。有大地母亲原型、父亲原型、阴影原型、男性原型、女性原型、小丑原型等。

㊁ 吉四六：历史上的真实人物。原名广田吉右卫门，生于丰后国（现在的大分县）。他是与一休、彦一同样知名的智者。机灵的吉四六的故事共有近200篇。

从情绪和性格类型了解心理 第 1 章

聪明的吉四六的故事

在有关聪明才智的故事中,吉四六是非常有名的一个主人公。他是一个既聪明又机灵,像小丑一样的人。这里给大家介绍吉四六故事中非常著名的两篇。

登天

吉四六非常不愿意耕田。有一天,他想出了一个能轻松耕田的好办法。于是,吉四六拿来一架高高的梯子立在田地中央,然后冲周围的村民们不停地大叫:"我要爬到天上去。"

当吉四六爬上梯子后,围拢过来的村民们一边大喊"太危险啦太危险啦",一边在田地中跟着吉四六跑来跑去。吉四六在梯子上做出东倒西歪的样子,村民们就更加焦急地跑来跑去。

这样过了一会儿,吉四六说:"既然大家都说危险,那我就不爬了。"说罢就从梯子上下来了。

然后怎么样了呢?由于村民们在田地里跑来跑去,最后相当于用脚把田地耕了一遍。吉四六高兴地说:"这样就可以种庄稼啦!"

柿子

在吉四六小时候,有一年,他家的柿子树结了很多柿子。

父母为了不让别人来偷摘柿子,就叫吉四六看管好柿子树。可是,吉四六自己也非常想吃柿子。这时,同村的一个朋友也来打柿子的主意,他还教唆吉四六去吃柿子,最后他们把一树的柿子全吃光了。

父母种田回来后发现柿子都没有了,就批评吉四六:"你是不是没有看管好柿子树?"可是,吉四六却若无其事地说:"柿子是被我的朋友摘走了,可是我确实按您说的好好看着柿子树的,一直看着它呢。"

总结: 在现实生活中,小丑大多是些"让人困扰的人",但在漫画或电影作品中却是些很吸引人的角色。比如,《咯咯咯的鬼太郎》中的鼠男和《星球大战》中的加·加·宾克斯,这些都可称之为典型的小丑。

希望时刻被关注
过度展示自己以吸引关注

忍不住想表现自己

你身边有没有总想要吸引男性注意的女性？当然，若是对某一位特定的男性感兴趣的话另当别论，但如果是对多位男性都采取诱惑性的姿态，那么她就有可能是**表演型人格障碍**⊖。这种人格障碍表现为：**好像演员在进行表演一样对周围人进行过度的自我表现**。多见于女性，与男性的患病比例为9∶1。

如果自己不能一直成为瞩目的焦点，他们就会不满意。不能如愿以偿的时候甚至会对周围人恶语相向等，态度变得极具攻击性。另外，由于**外强中干，没有建立起很好的自我身份认同，他们也非常容易受到他人的影响**。那种强调女性吸引力的姿态在男性看来也许颇具魅力，但若深入交流就会让人感到其实此人毫无内涵，因此有时也会**被人当作"无聊的人"**。很多人会对她们那种情绪上的过度表现感到疲倦，对此，不只是女性，连一些男性也会觉得腻烦。

本人并不会因困扰而主动就诊

表演型人格障碍患者有可能会出现骗婚等犯罪行为。然而，这可以说是一种天生的性格，无法通过药物或手术进行治疗。

⊖ **人格障碍**：与一般的成年人相比，想法偏激，行为极端，难以适应社会的一种精神状态。

严重情绪低落时可以使用抗抑郁药物，焦虑情绪强烈时可以使用抗焦虑药物。但是，是否需要使用药物疗法却因人而异。另外，如果本人没有意识到问题的存在，就不会因困扰而主动就诊。

表演型人格障碍患者很多都**有过被拿来与他人作比较或被歧视的成长经历**，因此，源于**"不想被忽视""渴望被保护"**的心情，便产生了过度的自我表现。根据这种特点，通过关注并赞美他们自身的优点，也许能够达到一定的治疗效果。

"表演型人格障碍"自检表

若下列表现超过5个，则有可能是表演型人格障碍。

- [ ] 若自己没有成为瞩目的焦点就会不开心。
- [ ] 过度地向异性展现魅力或进行挑衅性的行为。
- [ ] 容易兴奋，情绪变幻莫测。
- [ ] 为了吸引别人注意，不断利用身体展现外在的魅力。
- [ ] 用念台词一样夸张的方式说话引人注意，实则没有什么内涵。
- [ ] 好像自己是一位悲剧女主角一样，或模仿小孩子的行为举止。
- [ ] 容易受到他人或周围环境的影响。
- [ ] 实际上与对方并不十分亲近却表现出非常亲密，甚至过分亲昵的态度。

根据美国精神医学会发表的《精神障碍的分类与诊断手册》（DSM-IV）改编。

"反正有别人去做呢"
在团体行动中不自觉地偷懒

团体人数越多越容易偷懒

在人数众多的大型会议上发言的，基本上每次都是固定的那几个人吧。其他低着头默不作声的人也并不是没有自己的意见。其实，如果在小型会议上，他们中的很多人也会很活跃地争相发表意见。

那么，为什么他们**在更多的人面前变得沉默寡言**了呢？可能是**"不想被关注"**吧。同时，也能看出他们有一种**"反正其他人会发言的，我就算了吧"**的心理。

我们知道，**集体行动或共同工作时，人会不自觉地去偷懒**。集体越庞大，个人越会感到一己之力微不足道，认为"有其他人去做就够了"。这被称为**社会惰怠效应**，或**林格尔曼效应** ⊖ 。

比如，两个人搬运一件很重的行李时，如果其中一个人偷懒的话，那么压在另一个人身上的重量就会增加，导致两个人失去平衡。这个道理不用想也能明白，所以在这种情况下，两个人都会卖力地搬行李。

但如果变成 10 个人一起搬运一件行李的话，那么人们就会开始计算："除了自己还有 9 个人呢，即使自己不用全力也不会有

⊖ **林格尔曼效应**：著名心理学家迈克西米连·林格尔曼在大约 100 年前发现的现象，并以他的名字命名。

什么影响"。在年底大扫除时，只是吵吵嚷嚷而不去实实在在干活的人，大概就是在不自觉中进行着这样的计算吧。我们常说："人多力量大"，但讽刺的是，人数越多工作效率反而会越低。

明确责任所在

为了防止出现上述情况，就需要**限制组内人数并明确责任所在**。比如在一个两人小组里就无法偷懒。因为如果自己不卖力的话，另一个人马上就会知道。如果两人一组来安排，并且明确责任，便能高效地推进工作。

林格尔曼的实验

实验方法

按不同人数分组进行拔河比赛，研究与1对1时相比，在队员人数发生变化时每个人施加的拉力的变化。如果将1对1拔河时每个人施加的力作为100%，则出现了下述变化：

拔河的人数	每个人施加的力
1人	100%
2人	93%
3人	85%
⋮	⋮
8人	49%

85%

实验结果

- 随着参与拔河人数的增加，每个成员施加的力逐渐减小。成员增加到8人时，每人平均施加的力还不到1对1拔河时的一半。
- 也有人将实验方法换成让人分组"大声喊"或"大声鼓掌"。其结果基本相同。组内成员人数越多，每个成员的发出的声音或出力就越小。

被大家喜欢
展示弱点可以增加亲密度

自我明示能获得他人的好感

我们身边那些受欢迎的人,他们到底是为什么那么被大家喜爱呢?原因可能是各种各样的,性格开朗、会照顾人或是风趣幽默等等。也有些人本身非常质朴,也没有什么出众之处,但却不知不觉中成了众人的焦点。

心理学上有个词叫**自我明示**㊀,是指将自己的意见、爱好、家庭、工作、性格、身体特点等方面,**包括缺点在内,向他人直言相告**。

自我明示不仅可以得到对方的好感,还能激发对方自我明示的意愿。这就是"自我明示的回报性"。简单来说就是"如果想要打开对方的心扉,你要先自己坦诚示人"。

但是,如果对方是刚刚认识的人,那么即使你向他吐露出自己内心深处的苦恼,也是无济于事。因此,**与彼此的熟悉程度相匹配的自我明示**就显得尤为重要。如果因为难以准确衡量彼此间的距离,就索性简单地选择不敞开心扉也不交谈的方式的话,很容易给人以"总是孤立无依""不善于与人交往"的印象。这时,可以先从自己的爱好或家庭构成等情况开始,然后再一点一点慢慢地深入。

㊀ **自我明示**:将自己的感情或经验等告诉他人。一般来说,女性比男性更擅长。

另外,自我明示还有一个作用,能使**自我明示的一方对对方的好感有所增加**。如果有人能倾听你的心里话,你是不是会感到有人理解了自己的脆弱,进而对那个人产生亲近感呢?也可以说,能够让别人自我明示的人,他们不仅自身达到了自我明示的目的,也更容易获得他人的好感。

而这并不是特别困难的一件事。只要能够认真倾听别人说的话,即使你并没有出众的能力,也能够自然而然地成为众人的焦点。你身边一定也有一两个这样的人吧。

从相识到相恋

想要拉近与别人的关系,彼此间的自我明示是必不可少的。通过展示自己的弱点来拉近彼此间的距离感——这种经历大家一定都有过吧。

1 坦率地说出自己的隐私,包括弱点和不想公开的部分。(自我明示)

"其实我……"

2 让对方感到:"他很信任我",从而得到对方的好感。

"他人真好"

3 对方也开始自我明示。(自我明示的回报性)

"其实我也……"

4 进而关系变亲密。

18 在狭小空间会感到平静

胎儿期记忆与怀念子宫

怀念胎儿期？

你记得的最早的事情是什么呢？被妈妈批评的那次，还是迷路的那次？虽然不同的人记忆各不相同，但最初的记忆大多是3岁前后的事情。比那更早的事情基本上都不记得了。然而，有些人仍能记得胎儿期或刚出生时的事。可能有些朋友在电视节目中也看到过，这些拥有**"胎内记忆"**的人在描述他们的记忆时称那时的感觉是"昏暗而温暖"的。

不管这是否是有意识记住的，**人是拥有胎儿记忆的，这些记忆平时会隐藏在潜意识中，时而会通过怀念子宫的形式表现出来。**我们将这称为**"回归子宫的愿望"**。

由于狭小昏暗又温暖的地方能让人联想到子宫，我们也可以将人们对这种场所的偏好与回归子宫的愿望联系起来解释。比如，用包被将婴幼儿包裹起来能让他们感到安心，或孩子喜欢在壁橱或家具缝隙之类的狭小空间玩耍——这些心理都是源于对胎儿时期的怀念。

关于回归子宫愿望的概念尚未被（**循证**）证实，但无论如何，普遍来看，这种对狭小昏暗空间的喜好并不少见。

○ **循证**：从多次实验或调查的结果中得出的科学依据。行为心理学是一门非常重视循证的心理学。

从情绪和性格类型了解心理 第 1 章

睡姿反映出的心理与性格

美国精神科医师塞缪尔·丹克尔根据睡姿表现出的性格或精神状态将人分为四类：

胎儿型
睡觉时
像胎儿一样将身体蜷起来

对他人有很强的警惕性，常常会将自己封闭起来，但同时又有很强的依赖性。此外，他们也会苦恼于人际交往中的矛盾冲突。

半胎儿型
侧卧而眠，像是要保护内脏一样膝盖微曲

知识丰富且均衡，富有协调性。是在压力社会中适应性最强的类型。

俯卧型
睡觉时，
脸和身体朝下俯卧

一丝不苟的保守型，非常认真，不能包容别人的错误，容易积蓄压力。

国王型
睡觉时，将身体摆成一个"大"字仰卧

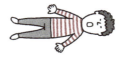

性格稳定，自信心强，开放灵活，以自我为中心。多见于在充满爱的环境中成长起来的人。

狂热的粉丝
将群体与自我同一化

过高评价群体

在高速发展时期的日本，曾出现过一批被称为**"猛烈社员"**[一]的工作狂。他们是指那些不顾家庭，为公司利益忘我奉献的上班族。这些人当时被誉为撑起日本的企业战士。但是泡沫经济破灭后，社会形势发生了变化，那种工作方式也几乎消失不见了。

那么，当时的上班族为什么会对公司如此忠心耿耿呢？这可以用**"群体同一化"**的心理来解释。**当你从属于某个群体并对其抱有好感时，就会渐渐对这个群体产生依赖或深厚的情感，进而会因自己为之尽心尽力而感到喜悦**。而且，还会主动采纳群体的价值观或规则，产生"群体＝自己"的想法。

也就是说，将群体与自身同等看待。并且，还会倾向于对群体**给予高于实际的评价**。于是，"猛烈社员"将公司与自我同一化，殚精竭虑地为公司尽忠职守。

自我认同的基础

人们总是归属于某个群体的。而由于群体是产生**自我认同**[二]**的基础**，所以我们能在各种各样的场景中看到**群体同一化**的表现。宗教团体就是其中最为典型的例子。

[一] **猛烈社员**："猛烈"是丸善石油公司（现 cosmo 石油）在高速发展的 1969 年发表的一句广告词。

[二] **自我认同**：德国心理学家埃里克·H·埃里克森认为个体在寻求自我的发展中，对自我的确认和对有关自我发展的问题。

从情绪和性格类型了解心理 第 1 章

棒球或足球的狂热球迷也是如此。他们将自己追捧的队伍与自己同等看待，如果队伍在比赛中失利，就好像自己输了比赛一样感到颜面无光。如果队伍取得了胜利，则抑制不住内心的喜悦与自豪。在不同的球迷群体之间，围绕双方比赛的胜负，甚至会发生一些导致伤亡事件的争端。

即便你既不是公司的上班族也不是球迷，如果听说自己的母校出了个名人，也会莫名地感到骄傲吧。当自己所属的团体中出现了杰出人物时，便会相对于团体之外的人产生一种优越感，这也是群体同一化的表现。

群体同一化的典型例子

对自己所属的群体产生依赖或留恋，进而感觉"群体＝自己"，这就是群体同一化。其特征是，对该群体给予高于实际的评价。

将公司与自我同一化

将公司与自我同一化，不顾家庭而献身于公司，这样的工作方式在终身雇用制的时代是好的，但在泡沫经济破灭以后，为公司呕心沥血的结果，也许就是遭遇裁员的惨痛经历。

将棒球队与自我同一化

棒球队的狂热球迷会将球队与自我同一化。如果球队输掉了比赛，就像是自己失败了一样感到沮丧。

热衷占卜或心理测试

误以为笼统的一般性描述是对自己的准确描述

对占卜分析毫无抵抗力的人需注意

我们时常能在杂志或电视上看到占卜或心理测试的栏目。只是将其当作一种轻松的娱乐的话倒还好,不过有些人会过分热衷于此。

"可能连你自己都没有注意到,其实你还有固执的一面。""你应该有一些人际关系方面的苦恼吧?"……会相信这些占卜师的分析或心理测试的结果并因此或喜或忧的人,就属于**容易沉迷占卜或心理测试的类型**。虽然也可以说他们是非常朴实天真的,但很多时候他们**对他人的话毫无戒心**,会轻易地被心怀不轨的人所掌控。

拿占卜举例来说,很少有人是完全没有固执的一面,而且如果前面再加上一句"可能你自己都还没注意到",你就会认为,"自己并不固执可能只是因为还没注意到吧"。再者说,在现实中,任谁都会有人际关系方面的苦恼。也就是说,**只是将一些适用于任何人的笼统的具有一般性的描述当作"占卜"说出来罢了**。而有的人却将那些当成是只符合自己的描述,这种现象在心理学上被称为**巴纳姆效应**⊖。

同时,人们总是容易相信正面的信息而不喜欢负面的信息,这也是巴纳姆效应揭示的另一个现象。

⊖ 巴纳姆效应:1956年美国的心理学家保罗·米尔以马戏团艺人菲尼亚斯·泰勒·巴纳姆的名字命名。

巴纳姆效应的实验

巴纳姆效应是由美国心理学家伯特伦·福勒通过实验证明的一种心理学现象,故又称福勒效应。福勒的实验方法如下:

实验方法 对学生们进行有关性格的心理测试后,将如下"分析结果"交给学生们。

- 你渴望得到他人的喜爱、赞赏却对自己吹毛求疵。
- 虽然人格有些缺陷,大体而言你都有办法弥补。
- 你拥有无可限量的潜能,但尚未被充分发挥出来。
- 在你看似强硬、严格自律的外表下,隐藏着不安与忧虑的内心。
- 许多时候,你会严重怀疑自己是否做了对的事情或正确的决定。
- 你喜欢一定程度的变化并在受到限制时感到不满。
- 你为自己是个有独立思想的人而感到自豪,不会接受没有充分证据的言论。
- 你认为对他人过度坦率是不明智的。
- 有些时候你外向、亲和、善于社交,而有些时候你却内向、谨慎而沉默。
- 你的一些抱负是不切实际的。

之后,让每个学生对分析结果与自身的契合度从0(完全不符合)到5(完全符合)进行评分。

结果平均评分为4.26,这个分数相当高。而事实上,所有学生得到的分析结果都是从星座占卜的文章中搜集来的相同的内容。

实验结果 当用一个适用于任何人的笼统的描述作为"个人分析结果"来描述一个人时,他往往更容易相信。

孩子气的男性

成年人的年龄却表现出孩子的行为和情感

彼得潘综合征

虽然有能力，但却不善于表达；无法建立良好的人际关系，在职场中总是很孤立；一不顺心就消极怠工；将不满情绪带给家人，甚至出现暴力行为；尽管如此，却仍然依赖父母，经常像孩子一样撒娇……

你的周围一定也有一些这样的人吧。他们**虽然从年龄上看已经是个成年人，但在行为和情绪上却仍是个以自我为中心的孩子**。我们将这类男性的表现称为**彼得潘综合征**㊀。

患有彼得潘综合征的男性多表现为**在精神上不成熟，自恋，不负责任，具有反抗性，易怒，奸猾**。因为他们很容易受到伤害，时常感到不安，所以**对于求职等社会活动态度消极**。并且，即使参加社会活动，他们也不愿尽职尽责，所以被认为是**难以适应社会**的一类人。

另外，在**性方面的自卑**导致他们不善于与女性交往，但同时又会被母性很强的女性所吸引。

关于彼得潘综合征的形成，虽然还不清楚明确的原因是什么，但普遍认为与缺乏管教、过度保护或过度干涉、被欺凌导致的心理创伤、摆脱自卑感的渴望等各种各样的因素有关。他们与啃老族或蛰居族（➡P116）有很多共同点。

㊀ **彼得潘综合征**：1983年由美国心理学家丹·凯利提出的。他在《温迪的困境》中描述了扮演"彼得潘"母亲角色的人。

如何防止孩子患上彼得潘综合征

提出彼得潘综合征概念的丹·凯利教授曾在他的著作中指出了预防和治疗彼得潘综合征的"10条教育基本原则"。

1. 沟通只是预防的方法。想要解决问题,实际行动是必不可少的。

2. 有"可以通融的规矩"也有"必须严格遵守的规矩"。

3. 只要孩子在认真地完成"自己的任务",父母就不要加以干涉。

4. 如果能用一种恰当的批评方式给予惩罚,就不需要多次重复。

5. 倾听孩子的抱怨。

6. 制订合理的限制和理性的规则,能让孩子拥有自我和自尊心。

7. 父母要满怀信念地引导孩子,让他不屈服于来自伙伴的压力。

8. 孩子比我们想象的更坚强和富有想象力,因此不要指责他们的做法,从容地享受其中才是最重要的。

9. 全家一起劳动或一起玩耍。

10. 不要说教,而要言传身教,实际行动才是最好的教育。

妄想与幻想

妄想是精神疾病，幻想是逃避现实

坚信一些不符合事实的想法

精神医学中所说的**妄想**[一]是指**"对与事实不符的想法或判断坚信不疑"**。

关于妄想产生的原因，除了躁狂症、抑郁症、统合失调症等精神疾病以外，某些种类的癫痫、痴呆症或药物中毒等也会引起妄想。产生妄想时，**即使把不符合事实的证据摆在妄想者面前，也很难动摇他的信念。**

比如，一个人妄想"自己得了绝症"，那么就算将一份身体健康的诊断书拿给他看，他也会说："这是误诊"。即便是身边的人不断地告诉他这不是真的，妄想者也听不进去。

为了寻求内心的安定，用幻想来逃避

如果是**幻想**，就意味着本人能够认识到"与现实不符"。当遇**到困难**，比如工作不顺利或人际关系出现问题等时，人们会**为了寻求内心的安定而沉浸在幻想的世界中**。也就是说，这是一种**内心的防御机制**。

但是，这种**逃避**会变成习惯。如果每当遇到困难就逃进幻想的世界里，问题就一直得不到解决。长此以往，就会被贴上"完不成任务的人"的标签，社会信用不断下降。建议那些会常常陷入幻想的人，最好能在自己变得无法适应社会生活之前，去寻求专业医生的帮助，努力去面对自己的问题。

[一] **妄想**：在这里是心理学用语，与日常生活中所说的"妄想"不同。人们在生活中说的"妄想"，意思与"幻想"相近。

各种各样的妄想

继发于其他基础疾病的妄想有很多种类。

夸大妄想

对自己的夸大评价。患者坚信自己拥有实际上不存在的地位、财富、能力。多见于躁狂症。

被害妄想

相信他人对自己怀有恶意。若在事业上或求职时遭遇失败，便认为全都源于别人的妨碍和攻击。多见于统合失调症。

被盗妄想

坚持认为自己的东西被盗了。多见于痴呆症。

自罪妄想

认为自己罪孽深重，给周围人带来困扰。多见于抑郁症。

疑病妄想

坚信自己身患重病。如果实际上确实患有疾病，便非常悲观，认为症状比表面上更严重。多见于抑郁症。

贫困妄想

虽然实际上并非如此，但却悲观地认为自己非常贫穷，无法维持生活。多见于抑郁症。

无法接受衰老的女性
无法接受现实，会导致神经症

抗衰老盛极一时

以40岁以上的女性为目标客户的高级化妆品的广告中经常会出现**"抗衰老"**这个词。"抗"就是阻止，"衰老"就是老化。所谓抗衰老就是"阻止老化""恢复青春"。

抗衰老的市场并不局限于高级化妆品领域。除了美容院和保健品以外，在玻尿酸注射、肉毒杆菌注射、面部提升、换肤术等美容整形领域，抗衰老的话题也备受关注。很多女性都对这些能让皮肤变得年轻紧致有光泽的产品和方法非常感兴趣。为什么女性对年轻如此在意呢？

女性渴望青春永驻的原因

在日本，究其原因可能是人们只追捧年轻女性，对上了年纪的女性甚至不会正眼相看。对男性来说，即使年纪大了，人们也会用"银发魅力"来赞美他们老当益壮、魅力不减；而对于女性来说，衰老就只意味着年华已逝、青春不再。

特别是一些年轻的时候非常漂亮曾广受追捧的女性，当不再年轻、容颜衰老之后，她们会感受到人格被否定的痛苦。于是，为了永葆青春，她们便沉迷于抗衰老。

有一个词就是用来形容女性的这种心理的——**"过气"女演员综合征**，指曾经魅力四射的女演员对于随年龄增长容颜逐渐老去的无奈。而越是认为自己姿色不俗，就越难以接受自然衰老的状态。

有些人甚至因此导致**酒精依赖**或**药物中毒**等严重的**神经症**。⊖

如何充实自己的老年生活

为了预防上述症状的出现，我们需要在内心接受"人会变老，容颜会衰老"的事实，并想一想当自己年老以后还能剩下些什么。

"容颜"之于女性，就像"体力"或"智力"之于男性。不论是男性还是女性，能否接受荣光不再、年华已老的事实，让自己的老年时光充实而有意义，全在于我们如何过好"当下"。

> **心理学小知识**
>
> **"过气"女演员综合征与更年期障碍**
>
> "过气"女演员综合征常会与更年期障碍在同一时期出现，这又会导致症状的进一步恶化。
>
> 更年期障碍有两种类型：由荷尔蒙紊乱导致的自律神经失调引起的植物神经紊乱性更年期障碍，以及由情绪问题导致身心紧张引起的植物神经紊乱的心因性更年期障碍。我们一般所说的更年期障碍多指前者，而心因性的类型易被忽视。将心因性更年期障碍误诊为植物神经紊乱而施以荷尔蒙疗法是无法缓解症状的。
>
> 导致心因性更年期障碍的情绪问题有很多，比如，担心因为容颜衰老会失去丈夫的爱而感到不安；由于孩子长大渐渐独立而感到孤独寂寞。也有的植物神经紊乱性更年期障碍患者在早期由于周围人的不理解而感到不满，最终转变为心因性的。如果家庭内有四五十岁的女性家庭成员，那么即使是开玩笑也不要说出"你老啦"之类欠考虑的话。

⊖ **神经症**：非器质性（在特定部位出现明显的特定病变）的精神疾病。如轻度焦虑症、强迫症等。

超实用！"他人心理" 1

性格分辨法

在心理学中，人的性格被分为几种不同的类型。分类的方法包括类型论和特质论两种，这里我们根据类型论来介绍性格的分类。类型论就是根据一些标准将人的性格进行分类的方法。快来看看你和周围的人都属于哪种性格吧。

克瑞奇米尔的气质体型说

这种方法是由德国精神病学家克瑞奇米尔提出的，它是类型论中的代表性理论。克瑞奇米尔认为，人的体型与性格存在一定的关系。

◆ 肥胖型
（躁郁性气质）

开朗喜社交、幽默、通融、和善。基本上喜欢沟通，通常易于交往，但情绪不稳定，会突然陷入消沉抑郁的状态中。

◆ 瘦长型
（分裂性气质）

安静、谨慎，做事过分认真。具有一定的理解力和观察力，但也有固执己见的一面。不善社交，对周遭事物漠不关心。

◆ 肌肉型
（黏着性气质）

一丝不苟，有耐心，固执。正义感强，说一不二。有看不惯的事情就会发脾气，情绪容易激动。

第 1 章 从情绪和性格类型了解心理

荣格的类型论

瑞士心理学家荣格根据被称为力比多的精神能量的倾向将性格进行了分类。力比多被分为倾向于外部环境的"外向型"和倾向于自身内部的"内向型"两种，而这两种状态又可以与人的心理机能相结合进一步被分为四类。

心理机能	思维型	情感型	感觉型	直觉型
性格	善于思考，根据思考进行判断。	感情丰富，基于自己的情感进行判断。	依据触觉、嗅觉等五官的感觉进行判断。	重视灵感，靠直觉行动。
外向型	**外倾思维型** 任何事都依照客观事实来进行思考。会苛责别人的错误、失败和罪过。	**外倾情感型** 喜欢追随流行，不做深入思考。人脉丰富，广受欢迎。	**外倾感觉型** 具有感受现实的能力。寻求享乐，享受快感。	**外倾直觉型** 在实业家中较多见，是一种灵感型性格。他们不断追求事物的各种可能性。
内向型	**内倾思维型** 对内在的精神世界感兴趣，重视主观思想，固执。	**内倾情感型** 具有很强的感受力，注重自身内在的充实。	**内倾感觉型** 能感受到事物的内在。具有自身独特的表现力。	**内倾直觉型** 常有脱离现实的灵感，并依此行事。艺术家属于此类型。

超实用!"他人心理"2

认识未知的自己

人们总是认为,自己才是最了解自己性格的人。可是,在别人的眼中,自己又是什么样子的?当你对自己的性格产生疑问时,为何不去打开一扇未知领域的大门呢?

乔哈里视窗

是由美国心理学家乔瑟夫·勒夫和哈里·英格拉姆提出的"人际关系中自我意识的反馈模型",并以二人的名字命名为"乔哈里"。此理论将人际沟通的信息领域比作一个窗子,并分成4个区域。

		自己	
		知道的	不知道的
别人	知道的	**A 开放区** 自己和别人都知道的信息(公开的自己)。自己开放信息的部分	**B 盲目区** 自己不知道,别人却知道的盲点。
	不知道的	**C 隐藏区** 自己知道,别人却不知道的秘密。比如自己不愿告诉别人的事情。	**D 未知区** 自己和别人都不知道,尚未被意识到的信息,或被压抑的部分,以及被埋没的潜能。

例:在人际关系中面临诸多问题的人 → B、C区域面积大 →
- 扩大A区域面积,让别人更加了解自己。
- 要想使B区域转变为A区域,就需要去倾听别人的心声。
- 要想使C区域转变为A区域,就需要打开自己(自我明示)。
→ 让别人更了解自己,从而改善人际关系

第 2 章

从口头禅和说话方式了解心理

谎——"这是个秘密"

渴望展现自己的存在感,享受优越感

不负责任、自我表现欲强

很多人喜欢用一句**"这个秘密我只告诉你"**来开启谈话。不管是在小酒馆也好、路边闲聊也好,或是在职场中,他们都会慢慢地靠近对方的脸,压低声音说起来。而听者也会被这句开场白勾起兴趣,不自觉地凑过去。

采用这种说话方式的人,往往希望别人对自己的话题感兴趣,承认自己的存在并且关注自己。也可以说他们有很强的**不负责任**的**自我表现欲**㊀。也许因为自己平时是个不被人注意的老实人,于是便渴望得到更多的关注。

此外,也可能是想得到对方的信任,拉近双方之间的关系。或者,有些人希望对方成为自己的伙伴,于是通过能否保守秘密来试探对方对自己的忠心。

"我只告诉你"?不见得

当对别人说出:"这个秘密我只告诉你",就表明下面要说的事除了自己以外谁都不知道,这会让人感到一种**优越感**。所谓优越感,就是感觉自己比别人强,自己的存在得到认同的状态。"你太厉害了!竟然知道这些事!"——从别人的惊讶中,就能获得

㊀ **自我表现欲**:渴望向社会或周围展示自己的存在的欲望。这是人的一种自然欲望,是在社会生活中进行正常的沟通所必需的。

这种优越感。

但是,**虽说是"我只告诉你",但其实听的人心里也明白,那"不会只有我一个人知道"**。一听到"秘密",人就会产生一种想去告诉别人的心理,即便是知道这个秘密并称"只告诉你"的那个人,大概也会为了得到其他拥趸而再去告诉别的人。

在这种故弄玄虚的谈话中,话题并没有什么实际意义,说话人更想要的是拉近与对方的关系。

如果你想与说话的人保持一定的距离,那么可以用"我不太会保守秘密"之类的话来拉起防线。

人们希望分享秘密时的表现

想要共享秘密时,人们会像说私房话一样采用如下几种带有禁忌意味的表达方式。如此一来,听者便会非常想知道接下来的内容。

"这话我只在这儿说……"

1 希望展现自己的存在感。

"我只告诉你一个人……"

2 包含着"我对你有好感"的信息。

"别跟别人说哦"

3 包含"只有你是特别的"意思。

"其实吧……"

4 看似要说出什么特别的事,实际上大多是些普通的见解。

"我相信你,所以才跟你说……"

5 听到这样的话,有人会感到高兴,也有人会感到腻烦。

爱吹牛
多为自尊感强的自恋者

想得到别人的肯定

"我最近买了一辆新能源的汽车""我们家全都是东京大学毕业的"……即便没人问起，有些人也总爱这样吹牛。他们总是"想得到别人的肯定""希望被赞扬"。渴望通过这些来感受到自己是有价值的。这被称为**自尊感**⊖。

同时，这类人也可以说是只爱自己的**自恋者**⊖。小时候在父母的溺爱中长大的人，容易认为自己特别优秀。而与之相反，在幼年的成长过程中没有得到过父母关爱的人，为了补偿自己那段灰暗的经历，也会产生认为自己很优秀的心理。这两种人都不擅长揣测别人的心情。

伴随着自卑的吹牛

爱吹牛的大多是男性。"我的朋友特别多""我认识名人"等这些吹牛话的背后，可能潜藏着实际上没有挚友或可信的同伴的自卑感。

如果有人在吹牛，你可能会觉得很烦。不过，如果你从容不迫地回应他一句"真厉害！"或"是吗！"之类表示钦佩的话语，那么对方就能感受到内心的安稳。

⊖ **自尊感**：认为自身具有基本价值的感觉。希望别人认可自己是不可取代的，是有价值的。也称作"自尊心"。

⊖ **自恋者**：出自希腊神话中的一个故事。故事讲的是一个名叫纳西索斯的英俊少年看到水面上映出自己的俊美倒影后，立刻爱上了自己，而对其他人再也提不起兴趣。

只爱自己的自恋者有哪些特征

自恋（自恋型人格障碍➡ P34）是指只将自己作为爱慕对象的表现。表现为自恋的人被称为"自恋者"。自恋有下述特征。

1 夸大自己的重要性

夸大自己的业绩或能力。

2 幻想拥有美貌、成功、权力、完美和理想的爱情

幻想由于自己的魅力而获得成功或财产。

3 坚信自己是特别的

只能被其他同样特别的人所理解。

4 渴望得到众多赞赏

对奉承没有抵抗力，被称赞时会感到莫大的喜悦。

5 有特权意识

渴望被特别对待，希望别人迎合自己的期待。

6 在人际交往中不正当地利用他人

为达到自己的目的而利用他人。

7 无法与人产生共鸣

不愿意去了解他人的心情或期待。

8 容易产生嫉妒

认定别人嫉妒自己。

9 妄自尊大，态度傲慢

态度冷酷傲慢，缺乏感恩之心。

爱用晦涩难懂的语言和生僻字

知性化与自卑感并存，希望表现得博学多才

用晦涩难懂的生僻词唬人

有时听到天气播报员说："明天上午到下午，天气将**骤变**⊖"，也许有人会一时反应不过来是什么意思。"骤变"是"激烈的、突然的变化"的意思，所以这位播报员的意思是"天气将突然发生改变"。

在用片假名表示的词语中，有一些是日语原有的词汇，也有很多是转换成日式发音的外来语。虽然这些片假名词汇不十分普及，但仍有很多人喜欢经常使用它们。

此外，在工作中，像片假名词语一样，还有不少人**喜欢使用晦涩的词语或专业术语**。也许刚开始别人会觉得"哇！真厉害"，但如果用得太多，导致听者完全无法理解你在讲什么的话，就会给人一种被忽悠的感觉。

对自己的能力没自信的反应

其实，一些人喜欢使用生僻词或专业术语的目的是**想让别人认为他具有高于实际的能力**。于是便将从书本或电视上学来的知识展示出来。

这是由于一种想让自己看上去富有智慧的**知性化**⊜心理在起作

⊖ 骤变：在日语中，用片假名来表示的外来语非常多，使用频率也非常高，并且数量不断增加。这里的"骤变"原文用的就是源自英语"dramatic"的外来语。由于这是一个较新的外来语，所以会出现有人不明白其意思的情况。——译者注

⊜ 知性化：故意将简单易懂的词语用晦涩难懂的语言表达，以此使人认为自己富有智慧和理智的心理。不愿正视自己，在观念的世界里逃避现实。

用。然而，虽然平时努力使用晦涩的语言来交谈，但大多因为本身知识浅薄，谈话内容难以深入，很难说到事物的实质上。而真正有能力的人反而能够用通俗易懂的语言去解释说明复杂问题。

同时可以说，知性化心理的背后是对自己能力缺乏自信的**自卑感**。他们**不愿落后于时代**，非常在意"成功者"或"失败者"的称呼。

于是，他们总是**去寻求新生事物**。比如，喜欢使用最新的工作术语，当手机或电脑等推出新产品时会立即去购买，并因此而感到自满。

白领爱用的外来语

我们来看看那些想让自己看上去是个"出色白领"的人都喜欢使用哪些外来语。这之中你又认识几个呢？

1. Identity
2. article
3. alliance
4. innovation
5. evidence
6. core competence
7. commodity
8. contents
9. substance
10. summary
11. synergy
12. scheme
13. skill
14. decision
15. deal
16. priority
17. prototype
18. minority
19. majority
20. motivation

Article
Priority
Motivation
Summary

1 自我/自我认同　2 文章/论文　3 合作联盟
4 技术革新　5 证据　6 核心技术　7 一般化
8 内容　9 本质/内容　10 概要　11 协同作用
12 方案/框架/计划　13 技术/技巧　14 决定
15 交易/契约　16 优先级　17 原型/模型　18 少数派
19 多数派　20 动机/积极性

喜欢传闲话
爱讲话，语言组织能力强

说闲话是生存本能之一

当很多人聚在一起时，必定会出现**传闻**㊀。也就是说，**传闲话是人的需求，也是一种社交方式。**

美国的韦伯州立大学教授苏珊博士认为，"交谈是人们与他人加深关系的一种重要方法，即便他们交谈内容只是些传闻也具有同样的效果"，她说，"这是一种能够让人直接了解陌生人的重要方法。"

此外，为了了解别人在想些什么，人们会直接去询问本人，或是从其周围搜集相关信息。在社会生活或共同生活中，了解身边的每一个人是非常有必要的，因此，在这样的心理作用下，人们就会去谈论传闻。

并且，人们在谈论传闻的时候，**大脑会分泌出一种类似多巴胺的化学物质**。这种物质能使可以**缓解紧张焦虑的黄体酮的浓度**上升。

善于处理语言信息的女性

女性之间的传言或闲话经常出现在茶余饭后的**市井闲聊**中。就连女性杂志中的内容也基本都与这些传闻有关。聊别人的"八

㊀ **传闻**：坊间流传的话。其中，闲话是纯粹出于兴趣而谈论的传闻；不幸事件或糗事则被称作丑闻；而谣言是有目的的谎言或流言。

卦"可以说是女性的特权。

那么为什么女性如此热衷于聊"八卦"呢？女性之间似乎有一种通过相互结盟来保护自己的习惯。而男性若要想在群体中确立自己的地位，就需要通过相互竞争来保护自己。

另外，女性能够注意到事物的多面性，**非常擅长将多个信息自由地组合起来**。因此，传闻就成了一个非常重要的信息源。再加上女性喜欢聊天的天性，传闻就变得越来越丰富多彩了。

多数传闻不会影响到在场的任何人，而其内容却是在场所有人都感兴趣的。通过谈论这些传闻，就能看出哪些人的观点一致，还能重新展示自己的价值。

二十世纪九十年代以来，互联网迅速普及。可以说**正是当今这个网络社会开启了一个全新的"传闻时代"**。

心理学小知识：女人之间的传言始于"市井会议"

江户时代，住在长屋里的女性们会聚集在共用的水井旁谈论传闻或流言，这种形式被称为"市井会议"。这就相当于现在的女性们凑到一起相互聊天的"姐妹会"。

长屋在那个时代是人们的共有住宅。每个长屋都有一口共用的水井。人们在这里做饭、洗涤，并获取饮用水。长屋中的住户按顺序用水桶接水，然后再运到各自的水缸中。这是各家女性成员的工作。因此，女性们自然就会在水井边聚集，并在排队等待取水的时间里互相攀谈。我们还能够想象出在水井边渐渐出现了类似告示牌的贴纸板，大家会在这里张贴信息，并围绕这些信息展开谈话。

江户时期长屋中的水井并不全是地下水井（自流深井），大部分都是通过在神田上水和玉川上水这两条河流的支流上做的暗渠（在地面上埋水管）来供水的自来水井。

喜欢过度使用敬语
希望保持距离的警惕性和自卑感

不与别人保持一定距离就会感到不安

当我们面对长者、上司或初次见面的人时,使用**敬语**是一种常识,这是一种**向对方表达敬意**的方式。

但是,有些人在与老朋友或早已熟识的人说话时,仍会使用"您"等恭敬的腔调,过度地使用敬语。这种做法绝对称不上是有礼貌。

恰恰相反,这样做就像在说"我不认为我们有多熟"一样**暗示自己对对方并没有多少好感**。

另外,也有些人**如果不与别人保持一定的距离就会感到不安,这反映出他们的警惕心**,他们害怕与别人深入交往。

反映了强烈的自卑情结

自卑情结㊀非常强的人在使用恭敬的腔调说话时也会给人表里不一的感觉。而他们自己会经常觉得被别人瞧不起,在面对他人时会觉得自己是个失败者,因此,他们会**通过在表面上使用敬语的形式来极力抗拒对方**。过度的敬语听上去有讽刺的意味,会让对方感觉很不自在。而看到对方失态的样子,能让他们获得优越感。

㊀ **自卑情结**:亲子之间的称为俄狄浦斯情结,兄弟姐妹间的称为该隐情结,与体型相关的称为阉割情结。

在对话中探知对方自卑情结的方法

所谓"情结",在心理学上的意思为"错综复杂的情感",又分为亲子间的情结、兄弟姐妹间的情结、与体型有关的情结。其中,自卑又有本人意识到的情感——自卑感与潜意识的情感——自卑情结之分。

运用词语联想检测来探知

著名的词语联想检测法是心理学家荣格发明的。具体方法是,向对方说出一个词(刺激词)之后观察对方的反应。

①	②	③
通过刺激词联想出的词语(反应词)的内容	说出联想词所用的时间	是否再次提问
↓	↓	↓
反应词不自然	反应时间过长	重复提问

结论 若出现上述反应,则认为被试者在与该刺激词相关的事件上表现出自卑情结。

🈚 母亲有自卑情结的情况

- 家庭成员谈话中,母亲不说话。

- 说到有关母亲的话题时,母亲试图转移话题。

- 当触及母亲的话题时,只说些无关痛痒的内容。

- 试图尽早结束有关母亲的话题。

- 说到有关母亲的话题时,母亲借故离席。

"还是以前好"
被时代淘汰的不安感产生的逃避情绪和优越感

怀念美好往昔

"还是以前好"——长辈们常常这样对年轻人说,酒局中也经常能听到这句话。从古到今,人们一直在说起这句话。也就是说,现在的人也说着和几代之前的人同样的话。

那么,以前真的有那么好吗?实际并非如此。比如,对于团块世代⊖来说,在他们那个物资匮乏的年代,很多人的日子都是贫穷而艰苦的。等他们长大成人进入社会以后,又要当一个不眠不休的猛烈社员(➡ P54)。

而即便如此仍说"还是以前好"的人,也许是因为那个"以前"已成过往,而本人却沉浸在**对自己"挺过了那个艰难的时代"的肯定**和感慨中。而且,有些人可能**只留下了美好的回忆,全然忘却了那些不堪的岁月**。

1960年前后,日本经济恢复活力,在以此为背景的电影《永远的三丁目的夕阳》中,也只突出呈现了那些能勾起人们怀旧之情的美好画面,而没有提及当时的环境问题以及青少年犯罪等一些丑陋现象。

⊖ **团块世代**:出自作家堺屋太一在1976年(昭和51年)出版的小说《团块世代》。小说使大众认识到,在日本第一次生育高峰时期出生的一代人(生于1947—1949年,广义上指1946—1954年出生的一代)或好或坏地对日本社会的形成产生了巨大的影响。团块时代的下一代被称为"团块二代"。

逃避不安，沉浸在优越感之中

又或许是因为随着年龄的增长，**当意识到自己会被年轻人或被时代撇下，内心会充满不安和对青春已逝的焦虑**。为了**逃避这些不安感**，便会说出"还是以前好"的话来。

而且，一句"还是以前好"还能显示出一种**"你们可不知道"的优越感**。也就是说，不仅能逃避不安感，还能达到自我肯定的效果。

《对怀旧的社会学分析》一书的作者、美国社会学家弗雷德·戴维斯 (Fred Davis) 说过："当一个人的自我认同（➡ P54）面临危机的时候，回顾过去可以帮他确保并强化这种自我认同的连续性。"

说到逃避不安，它其实是源于一种**不愿去面对充满闭塞感的现实生活**的心理。

与"还是以前好"一样常常被人挂在嘴边的还有这句话：**"现在的年轻人啊……"**。说这话的人以前也一定被老一辈人说过同样的话。这句话中包含着些许老一辈对年轻一代的轻蔑之意，但或许同时也有一些对自己已落伍的自嘲吧。

> **心理学小知识　能带来幸福感的怀旧之情**
>
> "怀旧（nostalgie）"一词原本是医学用语。它源自希腊语的故土（nostos）与痛苦（algos），最初在十七世纪末用来表示因离开祖国而患上精神疾病的状态，也就是指思乡病。
>
> 现在怀旧用以表示在怀念过去时产生的肯定的情感等。人们在回想起过去值得肯定的事情时内心会感到平静。因此，可以说怀旧能够让人获得幸福感、社会认同以及自尊心。

热衷血型分析
群体归属的安全感与对人际关系的不安

毫无科学依据

你有没有跟别人聊起过**血型**的话题,或是被人问起是什么血型?我想,几乎所有的人都有过吧。但令人不可思议的是,在美国几乎没有人谈论血型。那么为什么日本人如此热衷于血型的话题呢?

A 型血的人一丝不苟且神经质,**O 型血**的人善于社交且粗枝大叶,**B 型血**的人我行我素,**AB 型血**的人性格稍显复杂且性情不定——大家都以这样的标准进行性格分析。然而,这种基于血型的性格分析是**完全没有科学依据**的。

即便如此,血型分析仍被用于招聘或人事变动等各种场合。这也可以说是一种**血型歧视**⊖。

血型并不是一个用来将人分成四类并定义其各自性格的东西。现在我们知道,**决定人性格的因素是遗传和成长环境,二者各自发挥一半的作用**。

莫名其妙地接受性格分析结果

我想,日本人之所以热衷血型的话题,是因为**如果聊起这个话题就能掌控全场气氛**。即使是初次见面,只要聊起血型,就能自然

⊖ **血型歧视**(bloodtype harassment):基于毫无科学依据的血型分析进行骚扰或歧视,常见于公司招聘员工或进行人事评价时。

而然地打破尴尬气氛，使双方畅谈起来。

而且，感觉只要问一下对方的血型就能套用上面的标准去了解对方的性格——"原来他是这种性格的人啊"。而如果对方的行为超出了预想，在得知他的血型后也会莫名其妙地认为与其行为是相符的——"果然是AB型的"。

总爱谈论血型的人也许是**在人际关系上经常会感到不安吧**。此外，日本人基本上都是集体主义者，**只要自己从属于某一集体就能感到安全**。星座占卜是将人分为12类，而血型分析只有4类，非常好记，这可能也是血型话题流行的原因之一。

血型分析的准确率为80%

"你是个一丝不苟的人，所以你一定是A型血"——有时候我们能用这种方法猜中对方的血型。实际上，在猜血型的时候，大概率是能够猜中的。

日本人的血型分布

A型	O型	B型	AB型
39%	29%	22%	10%

"如果你的血型是A型"

有大约40%的概率能猜中

"如果你的血型是A型或O型"

有大约70%的概率能猜中

基于血型的一般性格分析

A型	一丝不苟、神经质、固执、细心、保守而努力
O型	粗枝大叶、豁达开朗、马虎、会照顾人、八面玲珑
B型	自由而我行我素、行动力强、艺术家气质
AB型	情绪不定、性格古怪、冷静而善于算计、双重人格

"暂时""先"

弥补自信不足的自我防御机制

让对方不愉快的字眼

"暂时"是我们经常能听到的一句口头禅。比如,当你交给同事一项工作——"可以帮我做一下这个吗?"却听到对方回答"我暂时先做一下"时,会不会感到有点儿生气?或者,打电话到一家店去咨询,对方却模棱两可地答道:"现在暂时不是工作时间,请换一个时间再打来吧。"这时,大部分人都会感到愤怒:"你说什么?!"

像这样经常用"暂时"作为一段话的开头,会让人感觉相当别扭。当对方说"暂时做一下"时,特别想追问:这是需要"暂时"完成的工作吗?而店家的"暂时不是工作时间",难免会让人感到不快——现在不是明明也可以吗?

与"暂时"类似的词还有**"先"**。它们都是**"姑且"**的意思,使用不当就可能会惹对方生气。

多数情况下,在对话中频繁使用"暂时""先"等词语的人**对自己所说的内容是没有自信的**。而这种说话习惯实际上也会给对方留下一个**非常靠不住的印象**。

为了隐瞒不自信而使用这类语言的现象在心理学上被称为**心理防御机制**㊀,表现为想隐藏自身弱点。

㊀ **心理防御机制**:一种自我防卫反应。在精神分析领域中,避免让自己感到不安的行为表现为"防御"。

固执己见的顽固者

除了口头禅，也有些时候，使用"暂时""先"是为了表达自己的态度。比如，上司委派的工作是自己非常不愿意做的，但又无法拒绝，于是便用一句"我暂时做一下"把自己的态度若无其事地表达出来。虽然这种方式会让上司讨厌，但却能够把自己的态度表达出来。

这类人**性格固执，不容易妥协**。他们不喜欢被指挥、被命令。

但不管是哪种情况，这种说话方式都会让人怀疑"他会认真去做吗"，或给人"他好像没什么自信"的印象，**会让对方感到不安**。所以如果你有这种口头禅，最好是能够改变一下。

心理学小知识：一种自我心理防御机制——五月病

日本的新财年和新学年都是从4月份开始。新人进入新学期或新公司，经过第一个月鼓足干劲儿的学习或工作后，到了5月份，当初的干劲儿和精神头儿已经消失。一般将这种现象称为"五月病"。它也是源于内心希望逃避残酷现实的一种自我防御机制。

"五月病"又被称为"假期后综合征"。刚进入公司的新职员在经过一个长假期后，工作积极性消失，变得毫无干劲儿；经过紧张的高考复习后终于迈进大学校门的新生在一个假期后也会表现出类似的症状。

那种一丝不苟的完美主义者、性格内向孤僻，以及固执且不善变通的人比较容易陷入这种状态中。

用一句话来总结其原因——他们的内心无法顺应环境的变化。要想缓解症状，首先需要确定其无法顺应的具体情况是哪种，然后有针对性地设法进行改善。

9 "所以""也就是说"

强烈的自我主张，爱讲理

认为自己最正确

有些人在说完自己的意见之后，会加一句："所以才会变成这样"，强调这种情况正如自己所说，以此来表达"所以你看，被我说中了吧"。在这种时候，他们就会用**"所以"**这个词来**强调自己的意见**。

经常把这个词挂在嘴边的人随时随地都想表达自己的观点，自我表达欲很强。他们**爱讲道理，总认为自己是最正确的**，并且希望别人也这样认为。从好的方面来讲，可以说这类人极具说服力，具有能掌控所有人的**领导气质**。而从另一个方面来讲，他们喜欢俯视他人，想把自己的意见强加于他人，容易被认为是一个**自恋型**的人，也可以说是**自我明示欲**⊖ 强的人。

他们如果得到了别人的认可——"是啊，正如您所说"——便会感到满足。如果对方做出恍然大悟并欣然接受的样子——"哦，原来是这样啊"——说不定就能尽快结束这个话题。但若遭到反驳——"可如果那样的话，结果又会如何呢？"——他们可能会为了驳倒对方而越来越激动。

有这个说话习惯的男性都不怎么受欢迎。因为如果在女性说话时突然插一句"所以嘛"，这位女性就会认为"此人想尽快结束

⊖ **自我明示欲**：向周围或社会展现自我存在的需求。比"自我表达"的欲望更加明确。多用于负面意义。

对话，觉得我说的很没意思"。

"也就是说"用多了会起反作用

通常在铺垫了各种理由之后，人们会用一个**"也就是说"**开头来进行总结。这是为了概括自己的意见，系统地陈述。但经常用这个词的人却并不都是真的在考虑话语的逻辑性。有可能他们**不停地重复"也就是说"**，只是**因为无法很好地阐明自己的观点，于是想做出一个很有条理的样子来**而已。然而，"也就是说"用得越多，意思就越难理解，甚至更容易被别人追问。

爱讲道理的人的口头禅

爱讲道理的人，总想表达自己的意见，因此他们经常会把下面这些词语挂在嘴边。

所以　反过来讲　总之　说起来　也就是说　当然　所谓　的确

"我是个……样的人"
鲁莽地自我定义

设防线,留后路

你有没有用**"我是一个XXX的人"**的方式介绍过自己呢?比如,"我是一个一丝不苟的人""我是一个笨手笨脚的人"等等。这种自我介绍的方式又是从什么时候开始的呢?

同时,你有没有因为听到某人说出这种话而感到不自在?**自己给自己下了一个定义**:"我是一个××××的人。"之后别人就只能边点头边说:"哦,是吗?"然而这种评价像是"他真是个一丝不苟的人啊"或"他呆头呆脑的,很容易被骗"。

即便如此,仍自己给自己评价的人会被认为非常大胆。他们相当于在说"我是一个一丝不苟的人,所以无法忍受这种事情",或"我是一个笨手笨脚的人,所以这样的工作我做不了"。这等于是给自己**设置了一道防线**,也可以说是给自己留了一条后路——这件事并不该由自己来做,而是该由周围人做出。

希望别人认可自己的性格

他们这样做是**为了让周围人认同自己的性格**,被称为**自我验证反馈**㊀。也有人会说**"反正我就是这种性格"**,这样一来,对方就再无话可说了。

㊀ **自我验证反馈**:确信自己是自己认为的那种性格类型,并积极去争取周围人的认可(验证)。

从口头禅和说话方式了解心理 第2章

而且，特意公开说出自己就是"这样的人"，实际上是包含了一种"想让大家看到自己就是这样的人"的希冀。

然而实际上，自己认为的"××××的人"大多数情况下都与别人认为的不一样。正因为每个人都有不同程度上的差别，才能把握住自己的某些倾向或特点，但那并不一定与客观的评价相一致。

还有一些人会用反问的方式向对方确认："**我不是个××××的人吗？**"如果听到这样的问话，回答一句"是吗？"或"好像还真是呢！"应付过去就好了。

自我验证反馈行为的实验

心理学家斯万和黎德做过一个实验：他们让一位女学生回答一个关于自己是否有主见的问卷，之后看她是否期待结果反馈。

1 让女学生判断自己是否有主见。

2 接着让其回答一个有关社会问题的问卷。

3 向女学生传达下述信息，同时，问她在被询问性格时哪个问题（包括自我主见的问题和性格稳重的问题）更好。

> 这是一个研究被试者与男士相识过程的实验，稍后会让其与隔壁的一位男士相识。为了让这位男士了解被试者是个什么样的人，相识后会再次询问关于刚才回答过的社会方面的问题和性格方面的问题。

结果

有主见的人 → 希望被问自我主见方面的问题

没主见的人 → 希望被问性格稳重方面的问题

结论 希望被问能够验证自己性格的问题

＝

希望得到肯定的反馈

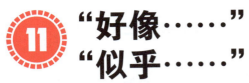

"好像……"
"似乎……"
说话时留退路,腹黑的"暧昧型"

说话含糊其辞

还有一个常被人挂在嘴边的口头禅,那就是**"好像……"**。很多人说话时会加上一些模棱两可的词,比如,"哎,你知道这个吗?好像是……",或"那,就这样吧?还是怎样?""一起去喝个茶什么的吗?"等等,用一些含含糊糊的词作结尾。

此外,频繁使用**"似乎……"**等模糊的说法也会让人感到不舒服。像是"这道菜似乎挺好吃的吧",或"好像今天天气不错呢"等等,让人觉得有些人不先说一个"似乎"就不会说话了似的。"似乎"有"好像""总觉得""不知怎的"的意思,但如果在句子中替换成这些词语的话,意思就不通了。

常用这类词语的人**讲话总是含糊其辞**⊖。这可能是因为他们内心有种强烈的不安,非常在意对方的反应,担心如果明确地说清楚就会被对方进一步追问或是遭到否定,所以才会避免明确地表达自己的意见。

狡猾地为自己留后路

这类人**不善于表达自己的见解**,在人际交往中倾向于迎合他

⊖ **含糊其辞**:无法确定是哪一个,哪一个都想要保留的状态。也有"不确定"的意思。

人，希望圆滑处之以避免争执。

他们认为，谈话时用上"类似""似乎"这种词语可以稳妥地表达意思。可是，从听者的角度来看，会觉得他们说话**总给自己留后路**，是个**阴险狡诈**的人。

如果你再进一步追问"类似的什么呢？"他们会变得更加不知所措。所以，对于他们含糊其辞的话最好是当作没听见，或若无其事地表达自己的见解，展示出自己的倾向性。

同样含糊其辞的词语还有"……的感觉""其实吧……""比较……""某种意义上……""像是……"等等。

体现出"腹黑"的口头禅

"腹黑"有阴险狡诈的意思。即使本人并无此意，但他的口头禅中也许隐藏着一些腹黑之意。

"类似……"

- 说话含糊其辞，做出一副"老好人"的样子。
- 做出"老好人"的样子，适时地加入有利于自己的一方。

"似乎……"
- 不表达具体的见解。
- 站到多数的一方，但当最高获利者出现后，便会冷静地背叛其他人。

"像是……"

- 对自己的想法和行为缺乏自信。
- 会根据不同情况而改变自己的立场。

"……的感觉"

- 对谁都笑脸相迎，八面玲珑。

"没什么""无所谓"
让对方不安，使周围人敬而远之

让气氛瞬间冷场

有一位女演员曾在一档节目中对主持人的寒暄问候回应了一句**"没什么"**，之后她便因此遭到公众的嫌弃。这句话甚至成了那一年的流行语。

"你心情不好吗？"——"没什么。"

"明天出门吗？"——"无所谓。"

"帮我做一下这个可以吗？"——"行吧，无所谓。"

这里的"没什么/无所谓"是怎样都听不出好的意思来，可却**说不清**到底是哪里不好、哪里别扭。而如果追问对方"'无所谓'是什么意思"，就又显得太过**固执**，会被人嫌弃。于是**说出这样一句话就会立刻让对方无语，使对话无法继续进行下去**。

之所以会这么说，有些人是**为了让对方感到不安**而故意含糊其辞，也有些人可能是不自觉地流露出了不满情绪。

常见于缺乏学习的减负一代

爱说"没什么"的人也会常用**"不知道""没听说""真麻烦"**之类的词。这种**我行我素**的性格听起来不错，然而他们其实是**缺乏协调性**的一类人。

在**减负一代**⊖的年轻人当中，很多人不善于寒暄，也不懂得服

⊖ **减负一代**：根据日本当时的学习指导要领，在"减负教育"盛行时期接受学校教育的一代人，生于1987—1996年前后。

饰礼仪的基本原则。

他们所接受的"减负教育"基于"生存力"的概念对以往的教育方式进行了彻底改变。教育者变"教导"为"支持",注重"选择制",最大限度尊重孩子的个性,使其可以自由选择学习内容。

这种教育方式使得孩子们只能得到一些支持,而从大人那里学习的机会却大大减少。没有了老师的教导,可以说他们就在这种懵懵懂懂(缺乏学习)的状态下长大了。

缺乏协调性的"减负一代"

接受了"减负教育"的"减负一代",他们自身的个性和自主性得到了更多的尊重,却没有人好好地教给他们寒暄或礼仪等这些社会生活中重要的知识。

战后
灌输式、死记硬背式教育
应试战争:产生以升学为首要目的的教育方式

20世纪80年代
泡沫经济破灭:人们的价值观发生巨大改变

1980年
小学开始实行**"减负教学方案"**
- 标榜"兼顾轻松与充实"

1992年
开启**"新学力观"教育**(学习指导要领全面修订并实施)
- 消减学习内容和课时数

1998年
实质开展减负教育
- 消减学习内容和课时数
- 全日制学校实行一周5日制
- 新设置"综合学习时间"
- 导入"绝对评价"

"减负一代"诞生

2007年
开始重新审视减负教育

2011年
修订新学习指导要领(2008年)。
2011年正式实施。**减负教育就此告终**

"可是""即便是"

不停否定，吹毛求疵

带你进入借口世界的转折语

你知道**转折语**[一]吗？例如，**"可是""即便是""反正""然而"**……这些词语的后面一般都会接一个否定的句子。也就是说，这些转折语就像是一扇**通往借口世界的大门**。

比如，当你发出邀请："下次一起去新宿吃饭吧？"他却说："可是，我不喜欢去人多的地方呢。"或者你说："去看演唱会吗？"他来一句："反正要花钱的吧？"——像这样总是去否定对方。不管对方提出什么样的建议，总是**吹毛求疵**。这样下去，对方也会觉得很没意思，很快两人就会陷入尴尬的气氛中。

经常把这些转折语挂在嘴边的人**不是在清楚明了地表达自己的反对意见，而是在吹毛求疵地挑毛病**。他们总体上表示同意，却在细微之处提出各种反对意见，也许还会在背地里发牢骚。

而且，他们虽然用这种方式提出了反对意见，但并不想为此而负责。

特别是"即便是"这个词，也会给人一种不诚恳、满嘴借口、只顾自己的负面印象。总是说转折语的人，多见于小时候长期被父母溺爱的人。

[一] **转折语**：包含否定意味的转折连词。经常使用转折词不仅会让对方感到不快，还会给别人留下缺乏能力、没有干劲的负面印象。

一面表示理解和赞同一面消除负面情绪

"可是"表示否定,"即便是"则有推卸责任的意味。如果在与人讲话时常常不自觉地将这些词语挂在嘴边,那么他将成为一个不受欢迎的人。

而与这样的人相处,你自身也会被负面情绪所影响。因此,为避免这种情况,在同此类人交往时,在对对方的负面情绪表示理解和赞同的同时,也要适时地消除这种情绪,这样做非常重要。

"和大家一样就好"
敷衍了事的依从型性格

保持队形的价值观

和大家一起到餐厅吃饭,点菜的时候被问:"你吃什么?"有些人会回答:**"和大家一样就好。"**同样的,在众人交谈时被问:"你有什么意见吗?"有些人会回答:**"和大家一样。"**遇到这样的人,你会不会想:"他们真的没有自己的意见吗?"

这可能是源于在他们小时候曾被灌输**"和别人一样的就是好的,和别人不同的就是不好的"这种价值观**。如果用要与大家保持平等一致的价值观去教育幼儿或儿童时期的孩子,那么过不了多久,这些孩子就不会去思考了。他们会认为,在集体中成为显眼的那一个绝不是好事,并渐渐了解到"在这个社会中,只要和大家保持行动一致就不会有问题",于是便形成了这种敷衍了事的生存方式。

一直被教导要与周围人保持一致的话,就会逐渐失去自主行动的能力。这类人总是等着让别人先说,然后再根据别人的态度来决定自己的态度。这种方式也可以说是谨慎、聪明的做法,不过,由于没有自主性,他们也是一群非常乏味的人。

美国心理学家**卡伦·霍妮**㊀将这种行为称为**依从型(自我收

㊀ **卡伦·霍妮**:德裔美国精神病学家、精神分析学家。她反对以男性为中心进行精神分析,对女权运动带来一定影响。

缩依从型）。此类型的人虽然没有自己的主见,可过后却可能会抱怨说:"明明我是对的。"

协调性强,听从别人的意见

从积极的方面来看,他们具有很好的协调性,给人以重视与周围人和谐相处的印象。他们始终以别人的标准来做判断,并按照别人的希望和规则行事。同时,他们也会老老实实地按照常识或父母之言行事。但若是事情进行得不顺利,他们可能会心怀怨恨。

卡伦·霍妮的神经质性格分类

精神分析学家霍妮根据人际关系中与人保持距离的方式,将神经质性格分为以下三类。

攻击性格（自我夸大的支配型）

认为自己非常优秀,话题总是以自己为中心。经常吹牛,是个自恋的完美主义者。对于自己想要的东西,会积极地去争取。

依从性格（自我收缩的依从型）

没有主见,行动时尽量不引人注意。不喜争强好胜,与众人保持一致。具有协调性,重视与周围人和谐相处。经常低估自己,容易受到别人评价的影响。

离群性格（自我限制的放弃型）

对自己的人生不感兴趣。将自己与他人隔离开来,不喜欢与人打交道。认为希望越大失望越大,做什么事都没有积极性。避免竞争和成功。经常说"反正……"（➡ P96）。

15 "反正"
不自爱，自我限制的放弃型

让人厌烦的词

"反正" 这个词的后面常常跟着"不能""不会"这些否定意义的词语。比如，"反正我都这个年纪了，不会用电脑也是正常的""反正大家都不喜欢我"。

这样的话语会让听的人感到不快。而且，这样说话也等于主动拒绝了别人的好意，好像在说"我不值得被爱"。这也可以说是**不自爱**吧。

在上面的例子中，"反正"这个词里也隐藏着**依赖性**——"我已经上了年纪，不懂电脑是正常的，所以请对我耐心一点儿"。而恰恰是这些人，如果真的被人当作老年人来对待，他们反而会突然发起脾气来。

对生活毫无兴趣，逃避现实

一些**对生活提不起兴趣**的人也经常把"反正"挂在嘴边。他们认为期望越大失望就越大，所以不做任何期待，觉得只要自己不去积极进取就是最安稳的。也就是说，他们的人生是**消极且逃避现实的**。而周围的人很可能会纳闷："他们的生活到底有什么乐趣啊。"

○ **自爱**：重视自己。弗洛伊德认为，自爱是在孩子发育过程中必然产生的一种情感。非常自爱的人被称为自恋者。（→P70）

美国精神分析学家**卡伦·霍妮**将这类对生活没有兴趣的人归类为**自我限制的放弃型（离群性格）**（➡P95）

在伊索寓言《酸葡萄》中，一只狐狸看到美味的葡萄非常想吃，怎奈葡萄架太高，它想尽办法也够不到葡萄。于是，狐狸气呼呼地说："反正这种葡萄肯定又酸又难吃，我才不要吃呢。"然后就离开了。**由于自己的目的和需求无法得到满足，为了弥补现实与需求之间的落差，制造一些理由来自我安慰**。这就是所谓的**"酸葡萄效应"**。

在说出"反正"这个词时，就意味着你将把接下来的结果归咎于别人或别的事。因此，为了能被人喜爱，也为了自爱，请不要再使用这个词了。

> **心理学小知识**
>
> ## 习得性无助
> ### ——马戏团大象的故事
>
> 长期处于艰难环境中的人会逐渐放弃尝试脱离这种状况的努力，这种状态被称为"习得性无助"。
>
> 马戏团大象的例子经常被拿来解释习得性无助。马戏团里表演踩球或倒立的大象本身高大强壮，如果想逃跑肯定是能够成功的。但是，它们从还是头柔弱的小象的时候开始，就一直被拴在一根坚固的木桩上，任它们怎样横冲直撞也挣脱不开。渐渐地，小象就会认为，"这根木桩非常坚固，不论自己怎样努力也无法挣脱它"。
>
> 久而久之，即便小象已经成长为成年的大象，并拥有了足以挣脱木桩的力量，它们也仍然坚信"反正是不会成功的"，整日无精打采，不会采取任何行动。
>
> 人也是一样，如果从小不管怎样努力都不顺利的话，那么他很可能会消极地对待人生。

"大家都这么说" "大家都这么做"

同调性和社会证明的心理

自己发表意见却让别人承担责任

聊天时经常会听到有人说**"大家都这么说"**。一听到这句话,就会让人不自觉地相信并接受——"是啊"。但细想想,这个"大家"到底指的是谁呢?有人也会对此产生疑问吧。

类似的还有**"大家都这么做"**。比如,对于家长指出"这样做会很难堪的",女儿回以"可是大家都这么做"。

这句"大家都这么说""大家都这么做"可以**在表达自己意见的同时将责任推卸给别人**。人们会想,对于周围人都在做的普通言行,自己说一下或做一下也没什么关系。特别是在日本,人们非常注重群体的协调性和认同感。当听说别人也这样说或这样做的话,便会感到很踏实。这种心理被称为**同调性**㊀。

试着反问"大家指的是谁?"

这两句话也经常被用于销售场景:"大家都在用""大家都说好"。顾客一听到这句话,马上就会被洗脑——"那我也试一下吧"。

此时,消费者的决定并非根据自己的判断做出,而是受到周围人

㊀ **同调性**:和周围保持一致。看到拉面店门前排起长队,那么即使排队也想去尝尝的心理就是同调性的一种。同样的,想去名人去过的店也是基于这种心理。

行为的影响而做出的。利用这种心理的方法被称为**社会证明**。

女性更容易受到同调性和社会证明的影响。援助交际或婚外恋成为某种风潮也被认为是受到了"大家都这样做"的心理的影响。

要想不受这些影响，可以试着追问一句："你说的'大家'指的到底是谁？"这时，对方一定会被问得哑口无言。因为他明白，所谓的"大家"并不是真实的存在，而是自己想象出来的。

 社会证明：证明个人意见的正确性。例如，近来同性恋渐渐被大众所承认可以说就是源于一种社会认同。而确立了社会地位后，就更便于公开自己的性取向。

"大家一起闯红灯就没关系（法不责众）"

"法不责众"是指，认为一件坏事如果很多人都去做的话就不会受到惩罚的一种幼稚的想法。由于被名人北野武用过而被人们熟知。

1 红灯时
虽然想赶快过马路，但只能等待。
↓
理性与压抑

2 周围人开始闯红灯时
自己也想过闯红灯，但是仍在忍耐。随后出现了不等待绿灯而直接闯红灯的人。
↓
心理上的同调行为
"他做了我做不到的事"

3 自己的愿望被实现
那么，我也没必要继续忍耐了。
↓
理性瓦解，从压抑中挣脱出来

4 别人闯红灯了，我也闯
虽然这么做不对，但也没关系！
↓
行为正当化

"没办法""只好"
给自己找借口（自我设障型）

在自我安慰时使用

"没办法""只好"是**在贬低别人或安慰别人时都会用到的词**。比如，"跟你说也没用，还是不说了""这是工作上的应酬，只好这样啦"等等。又或者，在女性发出求助时，男性明明"很高兴她来找我帮忙"，却用一句"真拿你没办法"来**掩饰自己的难为情**。

而人们在**自我安慰时也会用到"没办法""只好"**。经常在自己身上用这种说法的人，**大多是已经给自己找好了一个失败的借口**。比如，如果在考试当天说一句"我一点儿都没复习"，那么即使真的考不及格，也可以用一句"没办法"来得到自己和别人的宽容。

这种在完成某项工作时，为了模糊完成效果，故意在完成过程中制造**障碍**的行为，被称为**自我设障（Self-handicapping）**。也就是说，如果工作以失败告终，便可以借口因为遇到了困难；而如果成功，又能因克服了重重困难最终取得成功而洋洋得意。

在做一些自己没有信心的事情时，人们就会像这样给自己设一道**防线**。但这样会给别人留下胆小、意志不坚定或无情的印象。

以自我保护为目的的自我设障

所谓自我设障就是给自己制造障碍，这是一种自我保护的反应。下面是几种自我设障的例子。

给自己制造不利的状况

- 接受难以完成的工作
- 接受严苛的条件
- 给自己设定不可能达成的目标

把自己内心的问题挂在嘴上

- "我对完成这项任务没有信心"
- "身体不舒服"
- "没有干劲儿"

归咎于环境

- "工作太难了"
- "日程安排太满了"
- "工资太少了"
- "对我的评价太低了"

憋在心里

- 借酒消愁
- 依赖药物
- 不再努力
- 装作忘掉工作

睁眼说瞎话

既有善意的谎言，也有恶意的谎言

有意识说出的虚伪言论

德国心理学家**斯特恩**⊖ 这样定义谎言："**所谓谎言，是希望通过欺骗达到某种目的而有意识说出的一种虚伪的言论**"。说谎的人会呈现出下面几个特征。

① 有**虚伪的意识**。知道自己所说的与事实不同。

② 有**欺骗的目的**。故意地，有计划地蒙骗。

③ **欺骗的目的明确**。或为了逃避罪责或惩罚，或为了**自我保护**。一般来说，这种目的是出于利己的动机，但有时也会出现利他（为了他人的利益而自我牺牲）动机的情况。

善意的谎言与恶意的谎言

谎言分两种：为了避免伤害到别人的"善意的谎言"和通过欺骗给别人带来伤害的"恶意的谎言"。此外，虽然家长都会教育自己的孩子说谎是不对的，但**当孩子学会说谎时，也意味着他们能够从对父母的依赖中自立了**。一个简单的"谎言"却有着非常复杂的内涵。

比如，有些人会时不时说一些没有恶意的谎言。有时是为了迎合对方以博得好感，于是隐瞒自己的真实感受或情感而说谎。也可以说，为了建立更好的人际关系而制造的谎言能起到**沟通润**

⊖ 斯特恩（William Stern）：在柏林大学他曾师从艾宾浩斯（H.Ebbinghaus），主要从事人格方面的研究，提出了辐合论和智力商数（IQ）概念。

滑剂的作用。

还有很多人同样也想博得对方的好感，于是他们通过说谎来**使自己在别人眼里的形象更高大**。"我是单身""我爸爸是大学教授"，这样的谎言就属于**"欺骗"**，是**骗子**常用的骗术。

歇斯底里症状中常见的癔症

此外，还有一种**"病理性说谎"**，这类人即便自己得不到任何好处也会抑制不住地不断说谎。他们会说些像"我有五六个女朋友，每天都跟不同的女朋友约会"或"昨天我又跟一个政客的秘书吃饭了"这样的大话。

这种撒谎成性的人在说谎时，自己仿佛都信以为真了。他们**混淆了幻想和现实**，或是**将过去发生的事和将来的事与愿望混为一谈**。

这种病理性说谎有时会出现在歇斯底里性格的人身上。这种性格的特点有：虚荣心强，以自我为中心，容易接受暗示，孩子气，意志薄弱，对流行趋势敏感，乱花钱。

心理学小知识 "谎言"在英语中的各种表现形式

① lie……谎言；欺骗。
② deception……欺骗，骗术，蒙骗。
③ cheat……欺骗，榨取，狡猾；骗子，作弊，出老千。
④ fraud……欺瞒，欺诈行为；骗子，出老千。
⑤ fake……赝品，出老千，虚报，骗子。
⑥ sham……吹牛，骗子；假货；欺骗。
⑦ swindle……榨取，欺骗，骗子，出老千；假货。
⑧ charlatan……说大话，骗子。
⑨ fib……无伤大雅的谎言，欺骗。
⑩ trick……诡计、花招，欺骗，骗子；错觉；把戏，玩笑。

超实用!"他人心理"3

识破谎言的方法

人在说谎的时候经常会出现态度或语言上的变化。即便说谎的目的就是为了隐藏自己的真实想法,也还是会在无意间暴露出来。我们抓住这种变化,就可以识破谎言。

通过表情和脸部动作识别

◆ 不停眨眼

说谎时,人会变得紧张,不知不觉中眨眼的次数就会增加。

不停的眨眼睛

◆ 表情僵硬

说谎时,注意力全部集中在过去的事情上,人便处于一种想象自己正在体验着过去发生的某件事情的状态。

喀嚓喀嚓

◆ 女性(对男性说谎时)凝视对方

视线中包含着"传达好感"的意思。女性在说谎时,为了不被看穿,会一直凝视着对方认真地说谎。

◆ 男性 回避对方的视线

男性在有所隐瞒时会避开对方的视线,尽量不看对方的眼睛。因为他们觉得自己的眼睛无法像嘴一样说谎。

吼吼吼

第2章 从口头禅和说话方式了解心理

通过肢体动作识别

◆ 想抑制手部的动作

不想让手部动作暴露自己的谎言。

例 抱着胳膊 手插口袋

◆ 全身忐忑不安的动作

抑制着想要逃离的冲动。

例 扭扭捏捏地频繁变换姿势

◆ 频繁用手碰触脸部

想要挡住嘴部的动作,是一种掩饰。

例 搓脸 揪耳垂

从对话中识别

◆ 想尽快结束对话

由于只顾着说谎,答话变得非常简短;或是只顾不停说话,对话失去灵活性。

◆ 为了不让对话中断而快速应答

担心如果对话陷入沉默,自己的谎言就会被看穿,所以答话的速度变得更快。

电话交谈时更容易识破谎言

当与对方面对面说话时,可以同时通过手部动作、表情等迷惑对方,更便于说谎。

因此,在电话交谈时,由于彼此看不到对方,注意力集中于谈话本身,所以更容易发现说话内容的矛盾和错误之处。

超实用!"他人心理" 4

人在什么情况会说谎

有人曾就成年人在什么情况下说过什么样的谎言做过一项调查。调查结果显示,谎言主要有以下12种类型。

1 设防线
为了避免可预见的麻烦而说谎

当说实话会招致麻烦时便会说谎。

2 合理化
由于失败而受到责备时会用谎话当作借口

为了辩解未兑现承诺或拖延的原因而说谎。

3 权宜之计
一时的谎言

为了尽快脱身,不由得说谎。

4 利害得失
为了得到好处而说谎

在涉及金钱或利益的时候,会为了得到更多的好处而说谎。

5 撒娇
为了获得支持的谎言

为了使别人理解自己,拥护自己而说谎。

6 隐瞒恶行
掩盖恶行的谎言

掩盖自己做的坏事时会说谎。

7 突出个人能力、经历
为了让自己处于有利地位而说谎

谎称自己的能力或经历高于或低于对方。

8 虚荣
为了凸显自己而说谎

明明没有恋人却说"有";成绩不好却说"考得很好"。

9 体贴对方
因为体谅对方而说谎

当说实话会伤害到对方时,为避免这种情况而说谎。

10 开玩笑
开玩笑、说笑话之类

这种谎言即使被拆穿,大家也能一笑而过。

11 误会
由于学识不足或误会而产生的谎言

由于记错而导致的毫无恶意的误会。

12 违背约定
不守约的谎言

由于未能信守约定的而说谎,有的有目的性,有的则没有。

第 3 章

从行为和态度了解心理

回信慢
为掌握主导权故意拖延

回信慢使人不快

如今，**电子邮件**作为一种和电话同样重要的联络工具被广泛应用在工作和生活中。最近，学校也用上了电子邮件来给家长们发通知。

随着电子邮件成为日常生活不可或缺的交流工具，它同样也给人们带来了很多的麻烦。国际互联网协会[①]曾就邮件规则和礼仪做过一项调查。其结果显示，在邮件给人们带来的烦恼中位居第一的是"言语上的误会"，占比为38%；第二位的是"邮件无法送达（包括地址错误）"，占比为18%；第三位就是"邮件拖延"，占比为13%。

可见，有不少人都有过**因为邮件迟迟不回复而坐立不安**的经历。若是有关工作的邮件还能催问一下，可其他情况的话就不便催促对方，只能等待了。邮件迟迟不回的话，过不了多久人们就会产生不安："为什么还不回信呢？""是不是我写了什么让他不高兴的话？"

有意拖延回信

在实际中，这种情况**多数都是"稀里糊涂地忘记了"**。也有一

[①] **国际互联网协会（ISOC）**：旨在推动互联网的使用和普及的国际组织。日本分会为（财团法人）国际互联网协会（IAjapan）。http://www.iajapan.org/

些是由于当时太忙了,或者想着安静下来再写回信,结果不知不觉就已经过了很长时间。要知道,**一段相同的时间对于等待的一方和让别人等待的一方来说,其感受通常是截然不同的。**

不过,**也有些人是有意拖延回信**。他们是出于希望在双方关系中**占据主动**等理由。比如,你收到了一个邀请:"一起吃个饭吧?"虽然明知对方正焦急地等待着回信,却迟迟不予回复。此时对方一定会因得不到回复而坐立不安。而当终于收到你肯定答复时,对方感受到的喜悦会比立刻得到答复时多得多。所以,人们是可以**这样利用邮件来操控对方心情的。**

哪些人回信慢

如果迟迟收不到回信,我们会觉得自己"不被重视",不过,实际上多数情况下对方都是无意的。

- 太忙了,抽不出时间
- 不喜欢收发邮件
- 不太会使用邮件
- 不重视邮件,觉得没有必要回信
- 在双方的关系中想要掌握主动权

❷ 不爱整理，不会整理
严重者可能是 AD/HD

会影响正常生活的都属于 AD/HD 吗？

不会整理的弊端不胜枚举，比如"经常丢东西""花很多时间找东西""无法集中精神""坐立不安"等等。虽然大家都知道待在一个干净整洁的房间里会感到非常舒适，但现实中却有很多人不会整理房间。

由于不会整理而影响到正常生活的人有可能是**注意缺陷多动障碍（AD/HD）**⊖。患有这种障碍症的人**无法持续地集中注意力，会做出一些冲动的行为**。正常人在做事的时候，即使受到其他事情的干扰，也知道当下自己该做什么，会根据优先顺序行事。但是患有 AD/HD 的人会在整理的过程中冲动地开始做另一件事，因此无法有始有终地完成整理房间这件事。他的房间里也始终是一番凌乱的景象。

优柔寡断也是不善整理的原因之一

有的人会说：**"我虽未达到病态的程度，但就是不擅长整理"**。这类人有一个共同点，他们总是**迟迟不做决定**。"这个扔不扔？到底该怎么处理呢？"当犹豫不定的时候就无法立刻做出决定，于是选择"暂且"先留着，回头再说。而这些被"暂且"留下的东西则基本上都会被"永远"保留，最终导致房间里的东西越来越多。

⊖ AD/HD：多发于儿童的发展障碍。注意力分散、活动量大、行为冲动是其三个核心症状。比如人们熟知的表现有，孩子无法安坐在课堂中认真听讲等等。

从行为和态度了解心理 第3章

对于这种情况，一个解决方法就是**制定一套自己的规则**。如果纠结到底是扔掉还是保留的话，就选择扔掉；如果犹豫买还是不买的话，就选择不买。提前定好规则。

同时，好像**很多完美主义者也不太会整理**。他们觉得：既然要整理，就必须要整理得非常彻底。于是还没有开始就已经耗尽了精力。对这样的人来说，与其一下子设立一个大目标，倒不如先设立一个小目标，比如，只整理一个抽屉。这样做不仅更容易获得成就感，也更容易将整理工作坚持下去。

这些人不会收拾房间

如果影响到了正常生活就可能是患上了AD/HD了，但如果仅仅是"不喜欢收拾整理"的话，则可能是与下面这些性格有关。

无法决定"扔还是不扔"

"完美主义"

"优柔寡断"

彻底的整理太麻烦了，开始以前就已经累了

"无暇顾及"

甚至都没有注意到房间很凌乱

"家庭环境影响"

自己的母亲也是个不会整理的人，不知道整理好的房间应该是什么样子的

"扔东西会有罪恶感"

一直被教导"要珍惜物品"，所以扔东西会有罪恶感

3 想要的东西都要弄到手
渴望自身价值被认可的一种表现

人的需求有五个层次

目前,你最想要的是什么呢?恋人,晋升,考试通过,还是变得有名……各种各样的愿望因人而异。而**愿望也可以说是一种"需求"**,人的需求真的是像星星一样多得数不清。你一定见过那种什么都想要,或是得到一个就想要下一个的人吧。

美国心理学家**马斯洛**⊖将人的需求分成了五个层次(如右图)。他认为,需求的层次越低就越强烈,而**只有低一层的需求获得满足之后,才会产生高一层的需求**。

至少现在在日本,大部分人的**"生理需求"**和**"安全需求"**都已经获得了满足。健康的人会在**"爱与归属的需求"**上寻求满足,获得满足之后又会关注**"尊重的需求"**。当人归属于某一群体并拥有伙伴后,便会**开始希望自己在群体中的价值能够得到承认和赞赏**。

比如,你身边有些人总想引人注目,这其实是由于他们"尊重的需求"没有得到满足。如果能将自己的某些需求不满也联系这五个层次的需求来考虑的话,那么你也许就可以从另一个不同的角度来审视自己了。

⊖ **亚伯拉罕·哈罗德·马斯洛**:人本主义心理学之父。他提出的五个需求层次理论又被称为自我实现理论,在经营学等其他多领域得到了广泛的应用。

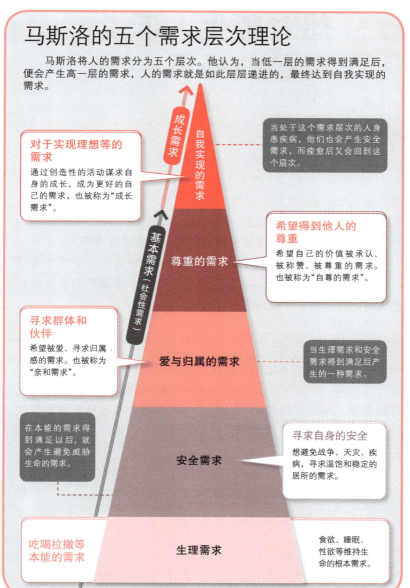

想对陌生人诉说自己的经历

想让别人肯定自己的人生

对陌生人讲述自己经历的老人

你有没有过这样的经历：某次坐公交车时，偶然坐在身旁的老人开始向你讲述自己的人生经历——"我工作的时候曾担任过很多重要职务呢""我年轻的时候是个美人，有好多追求者""我爸妈很有钱，以前我都是坐专车去银座购物的"——这些话有一个共同的特点，它们**大多是些围绕财富与成功的故事**⊖。

尽管场景不同，在出租车、医院的候诊室或是敬老院的大厅里也常常会出现类似的对话。到底他们为什么会**喜欢向素不相识的人讲述自己的人生经历**呢？

将平凡的人生包装成"故事"

当老人们走到人生的黄昏阶段，会突然怀疑自己的一生是否有价值，并因此感到不安。所以，他们**越来越渴望向别人讲述并得到肯定**。而在讲述的时候，他们会**不知不觉地往内容里添枝加叶**。这种心情大家都能够理解，只不过是希望自己的人生是特别的、独一无二的。

而且，我们也都明白，这些事情和素不相识的人说起来比较容易。如果讲述对象是自己的家人或好友的话，那么你所讲的也

⊖ **故事**：文章中具有总结性的话，也是叙述者向他人讲述自己经历、往事等作品。多数为虚构的。

从行为和态度了解心理 第 3 章

可能是和对方的共同经历,所以很难把自己的经历包装成故事。比如,在对家人讲的时候,对方很有可能会说:"奶奶又在吹牛了。"

而这种面对素不相识的人更容易讲述自己的人生经历的现象被称为**路人效应**或**老水手效应**。老水手这个词出自于很久以前的"冒险谭"故事中的场景。

如今,在出租车里也许依然会出现这样的对话:"我刚一当上部长,业绩就一路飙升……""那真是太厉害了"。想必出租车司机们尽览了不少人的人生掠影吧。

柯勒律治的《老水手之歌》

《老水手之歌》是英国诗人萨缪尔·柯勒律治与威廉·华兹华斯共同匿名出版的《抒情歌谣集》的开卷长诗。其中讲述了一个象征老水手效应的故事。

《老水手之歌》

这篇包括7部分共625行的长诗梗概如下:

一名老水手叫住了三个要去赴婚宴的年轻人之中的一个,并向他讲述自己这一路来经历的航海故事。这个年轻人被老水手的奇妙故事所吸引,听得入了迷。

有一次,老水手驾驶的船遭遇了风暴,当船漂流到南极附近的冰冻海面上时,飞来了一只象征好运的信天翁。他射杀了这只信天翁,于是厄运降临了。船进入赤道海域后就停了下来一动不动,水手们口渴难耐。鬼火在船的四周飞来飞去,附近还出现了幽灵船。最后,其他水手全都死去了,只剩老水手一人陷入孤独和懊悔的痛苦中。后来,一天晚上,在月光的映衬下,他看到了一条美丽的海蛇并为它祈福。于是,诅咒解除了,老水手终于得以回到家乡。

那之后,老水手踏上了忏悔之旅,所到之处劝人尊敬神和一切生灵。

5 蛰居族、啃老族
看似懒惰，实则苦于内心的焦躁不安

蛰居族有 100 万人之多

所谓的**蛰居族**是指"超过 6 个月待在家里或房间里闭门不出，既不去上学或上班，也不参加社会活动的人"，也可以说是一种只与家人保持亲密人际关系的生活状态。

蛰居族的人数逐年增加，现在全日本估计有 50~100 万人。以前蛰居族以 **20 岁上下的年轻人**为主，但最近有**向 40 岁以上的人群扩展**的迹象。

根据其形成的原因，蛰居族可分为两类。一类是由**抑郁症、神经症或学习障碍**⊖等精神疾病导致闭门不出的情况，这是一种因疾病而无法参与社会活动的状态。这种类型的人有时也会伴有幻觉或妄想。

另一类则是由**非精神疾病的原因**引起的。一般所说的蛰居族大多指的是这种类型。这之中**男性占 60%~80%，且多数为高学历家庭**。

有些则是心有余而力不足

啃老族指的是"不上学也不上班、没有收入来源的 15 ~ 34 岁的单身人士"。日本政府 2005 年发布的一项调查结果显示，日

⊖ **学习障碍**：是 LD（Learning Disorders）的简称。是指智力发育迟滞，特别是在读写、算数、运动等方面伴有困难的状态。

本当时的啃老族约有85万人。很多人成为啃老族的原因都是**在学生时代无法应付遇到的挫折，或进入社会后无法面对各种各样的差距**。也有一些是由于伤病而无法工作，或因母语非日语而找不到工作，又或是没钱上学的人。

蛰居族和啃老族都有一个共同的特点，那就是给人以"懒惰、不认真"或"撒娇、长不大"的感觉。然而，二者**内心都有着不安和自卑感**，这也**成为他们无法参与社会活动的原因**之一。遇到这种情况时，很多时候与其急于在家庭内部解决问题，不如寻求专家的建议会更有效。

蛰居族的特征

蛰居的原因因人而异，下面列举的一些特征不一定适合所有人。而且，也有很多曾有过被霸凌或辍学经历的人并没有成为蛰居族。

- 曾经遭受校园霸凌或在考试中受挫，这些经历成了蛰居的导火索。

- 从不到30岁的时候开始持续蛰居6个月以上。
- 超过80%的人有辍学经历，而蛰居通常是以长期辍学的形式开始的。

- 生活昼夜颠倒，也有的人长期失眠。

- 对人感到恐惧不安。

- 有些人在家庭内有暴力倾向。

- 对自己闭门不出的状态感到焦躁或自卑。

喜欢在网上写评论

缓解不擅长社交又渴望与人亲近的矛盾

轰动一时的作弊事件

不久前,发生了一件**利用问答网站㊀作弊的事情**。在大学入学考试中,一位考生用手机把考题发到问答网站上并得到了正确答案。

当然,在网上回答问题的人也许不会想到这个问题竟然是考试的题目。所以从某种角度来说,他们也是受害者。

不仅如此,在互联网上有着海量的**免费共享信息**。在博客的评论区或留言板中发表**评论㊁不受限制**,很多人会在那里花费大量的时间和精力。这么做没有任何回报,可他们为什么要不停地写评论呢?

网络能满足人的自我表现欲

当然,有一些是单纯出于"愿意分享自己所知"的热心肠。有些人可能在回答一些较专业的问题时能够从中获得**优越感**,又或者在看到有关人生困惑方面的问题时,会让人产生想表达自己人生观的欲望。

光顾这类网站或留言板的以**常客居多**,而这也使得这里**成了另一种意义上的社区**。人们在这样一个**假想的社区**中借由文字来

㊀ 问答网站:发布提问后可以得到其他网友回答的社交网站。
㊁ 评论:在电子留言板上发表意见或信息等。出现大量对博主的言论或行为进行批评的评论或转发时,这种状况就被称为"网络暴力"。

从行为和态度了解心理 第 3 章

享受彼此之间的互动，由此也满足了自己**想要向别人展示自身存在感**的欲望。

现代人**不擅长人际交往，但同时又有着渴望与他人亲近的矛盾心理**。而能够满足人们这种内心渴望的一种简便方式就是网络社交。

这种社交方式非常轻松愉快，你可以自由选择加入与否，在这里，你的性格也可以和现实生活中判若两人。这是一种你在以往面对面的交流方式中从没体验过的感觉。很多人觉得在网络上比现实中更让人感到舒服，于是他们便着迷于这种网络社交。但另一方面，众所周知，这也产生了一些问题。

网络匿名使人变得冷酷

虽然没有明确的证据证实，但有实验表明，人在无需顾虑被追责的状态下会变得更具攻击性。因此，在互联网上由于匿名也出现了很多问题。

破坏者

恶意评论。多见于像"二频道"那种巨大的留言板中。

"网络暴力"

因在博客或留言板上发表的内容偶然与受众出现意见不同而招致大量的恶评。这种"网络暴力事件"还时常会导致博客被封。

网络暴力

↓

过分责备、谩骂他人也是由于匿名造成的。攻击的一方知道，不管自己说的话多过分都不会伤及自身。而作为被攻击的一方，有些人会因为遭受激烈的指责而造成心理上的创伤。

总想坐后排
喜欢就靠近，不喜欢就远离

物理距离和心理距离

如果去听一个无需对号入座的讲座或演讲，你会坐在什么位置呢？是远离讲台的后排位置，还是前排座位？或许你会根据不同的讲座内容选择不同的位置就座。那么，如果是喜欢的明星演唱会，你又会选择什么位置呢，应该大部分人都希望能尽量靠前吧。

心理学认为，**对象与自己之间的物理距离和心理距离是成比例的**。简单来说就是，人们会靠近自己喜欢或感兴趣的东西，而远离自己讨厌或没有兴趣的东西。当你选择坐在后排的时候，除了不想让自己太过显眼之外，也潜藏着这种心理。

如果想"与他关系变亲近"

若将这个道理反过来应用到**与他人的距离**上，那么通过拉近彼此之间的物理距离也就能达到**缩短彼此心理距离**的效果。心理学将这种现象称为**"博萨德法则⊖"**。美国心理学家**博萨德**以 5000 对订婚情侣为对象，就两人之间的物理距离与成婚率之间的关系进行了一项调查。调查的结果显示，物理距离越远，他们最终结婚的比率越低。

所以，如果你有想亲近的人，就勇敢地坐到他身边去吧。但

⊖ **博萨德法则**：男女间的物理距离越近，心理距离也就越靠近。在博萨德进行的一项调查中，订婚情侣中有 33% 住在半径不超过五个街区的范围内。

从行为和态度了解心理 第3章

正对面的位置会给人强烈的紧张感，要尽量避开这个位置（→P152）。桌角两侧的位置是首选，如果找不到，邻座也不错。

如果对方若无其事地起身换座位的话，可能是你闯进他的**私人空间**（→P122）了。内向的人，其私人空间的范围更广，如果太靠近反而会使对方对你的目的产生戒心。而外向、善于社交的人的私人空间相对更狭小，尽量靠近他们也许能够收到意想不到的效果。

远离自己讨厌的事物的心理

我们知道，心理距离与物理距离是成比例的。人们会在不知不觉中靠近自己喜欢或感兴趣的事物，远离自己讨厌或没有兴趣的事物。

远离讲台就座

↓

不擅长/害怕的表现

靠近讲台就座

↓

感兴趣

想亲近对方时靠近对方就座

桌角两侧的位置最佳，不过还要考虑对方的私人空间范围。

8 把私人物品带到工作场所

宣示自己的地盘（私人空间）

任何人都有私人空间意识

在任何场所中，**每个人的周围都有一个拒绝他人侵犯的心理上的空间（私人空间）**。这个私人空间的范围会根据与对方关系的亲疏以及当时所处的具体情况而发生变化，**如果有人越界闯入了自己的私人空间就会感到很不舒服。**

比如，在一个空荡的电梯间里，有人偏偏紧挨着你站，这时，你就不只会感到不舒服，而是害怕了。这就是因为对方闯入了你基于双方关系形成的一个禁止进入的区域范围。

在办公室中，周围都是自己熟悉的同事或上司，因此他们可以更靠近一些而不会引起自己的不快。不过，若靠得太近甚至达到了家人程度的距离就会让人感到窒息。具体来说，**一个人的私人空间就相当于一个办公桌的大小**，这样讲的话比较易于理解。

说到这儿，很容易让人联想到**有些人的办公桌周边有很多跟工作无关的私人物品**。心理学认为，这种行为意在**宣示自己的地盘**⊖。在自然界中，一般雄性比雌性有着更强的地盘意识。人类也一样。如果安排多名女性同在一个狭小的办公室里工作的话，气氛会相对友好；而同样情况下都是男性的话，则会带有攻击性。

⊖ **地盘**：势力范围。动物个体或群体为了守护自己的领地，不允许其他个体或群体侵入。

了解对方心理的8个距离

美国人类学家爱德华·霍尔根据沟通的种类将人与人之间的空间距离分为四类,而每一类又分为接近范围和远离范围。这可以作为与对方保持心理距离和物理距离时的参考。

亲密距离	接近范围 (0~15cm)	关系非常亲密的人之间的距离。通常以爱抚、搏斗、安慰、保护等为目的,多表现为语言或身体接触的沟通。
	远离范围 (15~45cm)	触手可及的距离。用于关系亲密的人之间。在公交车之类的场所中,若别人如此靠近自己就会感到不自在。
个人距离	接近范围 (45~75cm)	伸手可及的距离。是恋人或夫妻间的自然距离。若其他异性闯入这个范围会让人产生误解。
	远离范围 (75~120cm)	双方握手的距离。在说某些个人方面的话题时保持的距离。
社交距离	接近范围 (120~210cm)	不容易发生身体接触的距离。在工作中与同事之间保持这种距离最合适。
	远离范围 (210~360cm)	在正式的工作场合中使用的距离。可以无需顾忌对方而随时采取自己认为必要的举动。
公众距离	接近范围 (360~750cm)	在这个距离很难注意到对方的表情变化,只限于简单的沟通。也可应用于问答场景。
	远离范围 (750cm~)	适用于演讲等场合。难以进行一对一的沟通。此时的交流需要配合身体动作。

压力性暴饮暴食

从单纯的暴饮暴食到进食障碍

男性中也越来越多见的"无节制进食障碍"

厌食症或贪食症都属于**进食障碍**⊖的一种,众所周知,其成因大多是源于**瘦身的愿望**。因此,一提起进食障碍常会让人想到"年轻女性的精神疾病",但如今男性进食障碍患者也越来越多。

你听说过**"无节制进食障碍"**吗?这种疾病在过量饮食这一点上与贪食症相同,但由于无节制进食障碍症患者**不会通过催吐或滥用泻药的方式来抵消过多的热量摄取,因此他们通常会变得越来越肥胖**。于是也就更易患上脂肪肝、高血脂这些具有不良生活习惯的疾病。患者的**性别比例约为 1∶1,而年龄普遍高于暴食症患者**。

无节制进食障碍症患者通常会**对自己的暴食行为产生羞耻感或罪恶感,因此他们会躲起来大吃特吃**。吃完之后又会特别后悔,最后因嫌弃自己而变得越来越郁郁寡欢。因此,无节制进食障碍的一个特征就是会引发抑郁症、惊恐障碍或感统失调症。

无节制进食障碍通常是**由长期的紧张和压力等引起的血清素水平过低所导致,而血清素低的一个症状就是总也吃不饱**。如果你仅仅是想通过吃东西来排解压力的话,那么可以尝试换一种别的方法,在阳光下散步有助于提高血清素水平。

⊖ **进食障碍**:包括厌食、贪食和不特定三类。无节制进食障碍属于无特定症,但在 2013 年发表的 DSM-V(案)中将其独立出来成为第四类疾病。

无节制饮食障碍与血清素

血清素水平低是导致无节制饮食障碍症的原因,那么血清素是如何影响食欲的呢?

大脑中的血清素

血清素大部分存在于小肠之中,只有约2%会对大脑的神经活动产生重要影响。

血清素是什么

血清素是一种神经传递物质,它可作用于多巴胺(喜悦、快乐)和去甲肾上腺素(恐惧、吃惊)等神经传导物质,抑制它们的过度分泌,从而保持内心的平衡。

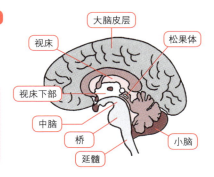

大脑皮层 / 松果体 / 视床 / 视床下部 / 中脑 / 桥 / 延髓 / 小脑

长期慢性的紧张和压力
- 昼夜颠倒的生活方式
- 长时间玩电子游戏等导致大脑疲劳
- 缺乏运动
- 高龄

→ **血清素水平低**

- 抑郁状态
- 情绪不稳定
- 暴力倾向

- 无法控制食欲

无节制进食

→ **如何提高血清素水平**

- 晨起开窗沐浴阳光
- 深长的腹式呼吸

- 在阳光下散步

戒不了赌
对偶尔能得到意外之财的"部分强化"着迷

沉迷赌博而无法自拔

从老虎机到赌马、赛车,如果只是出于兴趣偶尔娱乐一下倒也无妨,不过**赌博**的可怕之处就在于它**极易使人过度沉迷**。据说日本全国沉迷老虎机的人数有一二百万之多。我也经常听说有些人因此倾家荡产并被家人和朋友抛弃,其中一些还欠下了巨额债务,甚至不堪忍受而自杀。而且每年都会看到一些关于父母将孩子独自锁在车内自己去玩老虎机长时间不归,导致孩子中暑身亡的惨痛事件的报道。

当然,没有人是从小就有赌博依赖症㊀的。大多数人一开始都只是为了缓解压力或消磨时间。那又是为什么会导致如此悲惨的结果呢?

正因其偶然性才让人更有积极性

在赌博时,并不是你投入的钱越多就能赢得越多。而"部分强化"心理效应在这里产生了作用。**"部分强化"是指,在做出某种行为时,偶尔能得到报酬(回报)。**

与之相对的是**"连续强化",指每一次做出某行为时都会得到回报**。这样看来还是"连续强化"比较好,但人的内心就是这么

㊀ **赌博依赖症**:世界卫生组织(WHO)将此认定为疾病,正式的诊断名称为"病理性赌博"。多数患者是由于身陷多项债务而被引发。

的不可思议，人们对连续强化的兴趣反而更容易消失。而偶尔能得到意外回报的**"部分强化"则给人带来更大的快感，得到回报时的那种喜悦是如此令人难忘，以至最终像毒品一样无法摆脱而一直沉迷下去。**

买彩票不会导致家庭破碎的原因

从部分强化的含义上来看，**买彩票**也包括在内。不过我们基本没听说过"因买彩票倾家荡产而导致家庭破碎"的事情。这是因为，绝大部分的彩票**要等待数天才会揭晓中奖结果**。在等待的过程中，很多人对它的兴趣就渐渐消失了。

而像老虎机、赌马或赛车这种赌博却是立刻就能知道结果，并且还伴随着高额的奖金。因此，人在不知不觉中就失去了理智，等反应过来的时候早已一溃千里了。这就是所谓的**"结果的即时性"**。那么，从这个角度来说，**猜拳**也同样是能立刻得知结果的。不过，让人意外的是，人们对猜拳这种带有很大运气因素的东西几乎没有兴趣。而与之相比，那些能给人带来一种"我压中了！"的快感，以及能够给人带来自我效能感的东西更具吸引力。

心理学小知识：期待"一招逆袭"

在"部分强化"中，将得到不定的回报数量的方式称为"变比率强化"。经常出现高额奖金的老虎机、赌马等就属于变比率强化，也是最容易让人沉迷其中的一种形式。

例如，赌博的人经常会这样想："我都输了这么多了，应该马上就会赢的。"虽然这只是毫无根据的一厢情愿，但在不停输钱的时候，人会去相信这种随机的概率。他们期待着"要是这回赢了就能把之前输的全赚回来"，于是把所有的钱全赌进去。而如果是每次赢得的金额都是固定的"定比率强化"方式，就一定不会这样去做。之所以会孤注一掷，正是因为有可能会出现一招逆袭的情况。

戒不了烟
身体上和心理上的两种依赖状态

人会对烟草产生两方面的依赖性

近年来，反对吸烟的潮流越来越强，烟民们也会因此觉得抬不起头来。所以很多人也在考虑"不如就此戒烟吧"。但是，我们都听说过戒烟之难难于上青天的说法，有些人在付诸行动之前就已经放弃了。

人对于烟草，一般会产生两种依赖。一种是**对尼古丁的依赖**（**尼古丁依赖症**〇），即身体对于尼古丁的依赖状态。在失去尼古丁后便会表现出"焦躁不安""精神无法集中"的症状。如果你一天吸烟超过 25 根，或一起床便立即吸烟，那么就有可能已经产生了尼古丁依赖。

另一种依赖就是**心理上的依赖，一种由于长期吸烟形成的习惯性依赖**。有的是因为"没有烟就感觉嘴巴闲得慌"，有的是因为"没事干闲得无聊"。如果每天抽烟的数量很少，或起床后至少半小时以后才开始抽烟，则更有可能是源于对烟草的心理依赖。

戒烟需要准备一个缓冲带

尼古丁依赖可以通过使用尼古丁药物来克服，但**若想切断心理上的依赖就需要重新审视自己的吸烟习惯**。大部分人都会将吸

〇 **尼古丁依赖症**：药物依赖的一种。在精神医学中，这种精神疾病是物质依赖症的一种。尼古丁主要存在于烟草的叶片中，是一种即时性的强效神经毒素。

烟与某一特定的行为连接起来，比如，"吃饭→吸烟"或"喝咖啡→吸烟"之类。只要切断这种连接模式，就能够降低依赖的程度。

首先要做的，就是写出你一天中会在哪些时间抽烟。不过，一次性切断所有连接模式是相当痛苦的。不如先尝试只切断吸烟冲动最强的那个连接模式，用别的行为进行替代，而其他的连接模式暂且保持不变。这样做的目的**不是去抑制所有的欲望，而是给自己预留出缓冲带**。只要没有被逼无奈的紧迫感，能够一点一点地慢慢去改变习惯，那么你戒烟的成功率就会提高。

戒烟的替代行为

想吸烟的时候，就去做一件其他事情来替代吸烟，分散注意力。不要试图一下子改变所有的习惯，而要一点一点地推进，这样成功率会更高。

焦躁不安的时候

- 喝杯热茶
- 听听音乐

- 做做伸展运动
- 和别人聊聊天

嘴巴闲得慌的时候

- 刷牙
- 嚼口香糖或吃鱼干

手里闲得无聊的时候

- 打扫房间
- 做手工或拼插模型等

不停地考取专业资格证书

无法放弃任何可能性，无法决定自己的生活方式

你考这个证做什么用？

你身边有没有热衷于不断考取各种专业资格证的人？实用英语技能鉴定、托福、建造师、会计、护理、室内装潢设计……考这么多繁杂的资格证到底是为了什么呢？虽说这是很有上进心的表现，可实际上考取互不相关的各种专业资格集于一身，只会使人陷入资格证的漩涡之中。

这让我想到了一个词——**"延期偿付人 ⊖ "**。

Moratorium 原本是经济学用语**"延期偿付"** 的意思。心理学家**埃里克·H·埃里克森 ⊜** 将其引入社会心理学并赋予新的定义："虽然年轻人在智力上和生理上已足够成熟，但为了使其进一步精进知识或技能，可以在履行社会义务和责任方面予以延期（延期偿付）。"这个定义本身并不包含消极的意思。

不过，越战之后，想一直保持这种延期偿付状态的年轻人开始多起来，而且有渐渐向各个年龄层蔓延的趋势。于是这种状态成了

⊖ **延期偿付人**：在日本精神科医生小此木启吾在《Moratorium 人的时代》（1978 年）一书中指出，现代人内心无法形成社会认同的心理状态越来越普遍。

⊜ **埃里克·H·埃里克森**：生于德国，心理学家。在维也纳时师从于安娜·弗洛伊德，取得美国国籍后主要从事青年心理疗法的研究工作。因提出了"自我同一性"而被周知。

一个社会性问题开始受到关注。在现在的日本，人们在谈论"延期偿付人"时会带有**消极负面的印象**，指的是那种**"即使已经过了青年时期却仍不履行自己作为社会人应尽的义务和责任的人"**。

不停寻找自我的人们

如果问一个孩子将来想做什么，可能会得到这样的回答："当一名足球运动员，当一个漫画家也不错"。但是，并不是所有的愿望都能实现。我们需要在放弃与割舍中找寻自己的人生之路。而青年时期就是去进行这样的探索和选择的时候。也正因如此，这个时候才需要延期偿付。然而，现在好像很多已经过了青年时期的成年人还都想保持延期偿付的状态，他们在**不停地寻找自我**。

这种延期偿付者们**相信自己还拥有很多的可能性，而哪一个都不忍放弃**。他们的思维模式不是"选这个，还是那个"，而是"这个也要，那个也要"。热衷于考取各种资格证就是这种思维模式的一种表现，他们为随时能切换自己的人生道路而时刻准备着。因此，他们对于组织、集体、国家以及社会的归属意识淡薄，做任何事都是一时兴起，无法做出孤注一掷的重大决定。有些人毕业后工作还不到一年就再次换工作，可以说这也是一种源于延期偿付的心理状态（➡ P206）。

> **心理学小知识**
>
> ### 导致心理危机的同一性混乱
>
> 埃里克·H·埃里克森提出，青年时期是通过思考"我是谁""我要怎样活""我该从事什么职业"的问题逐渐形成自我感知的一个时期，经过矛盾冲突最终体会到"这就是真正的自我"的状态就是"自我同一性"。他还指出，自我同一性在整个人生当中会被多次重构。
>
> 但如果没能成功建立自我同一性，而是处于一种"不清楚我是谁、我该做什么"的状态，则被称为"同一性混乱（或同一性扩散）"，这就是一种心理上的危机状态。

聚餐也不爱说话
无法与他人进行自然的对话，闲聊恐惧症

容易感到孤独的闲聊恐惧症

回想一下，你有没有曾在某次聚餐时碰到过一个沉默寡言的邻座？那种气氛多少会有些尴尬吧。有些人在初次见面时就能马上和对方融洽地交谈起来，而有些人却怎么也放不开。当然，我们也可以认为"他就是这样的性格"，不过这其中有些人也可能是**闲聊恐惧症**。

闲聊恐惧症是**对人恐惧症**㊀的一种症状，指**由于过去的一些失败经历产生"自己嘴笨"的强烈意识，最终形成一种无法与人自然交谈的状态**。虽然可以进行与工作相关的交流，但一遇到自由交谈的场合就立刻变得沉默寡言。

因此，美容院里的闲聊或聚餐的场合最让他们苦恼。看到周围人谈笑风生，自己会有一种孤独感，并经常因此感到郁闷。而实际上，也有些人迫于无奈会聊一些自己根本不感兴趣的话题……

对人恐惧症被称为日本人特有的文化依存症候群。这点从新近流行的新词**"KY"**㊁中就能够感受到，在日本社会中，**比起个人的自由度人们更加注重群体的协调性**。也可以说正是这个特点催生了对人恐惧症。如果你太在意他人的眼光而变得畏首畏尾的话，那么去学习一些崇尚个人主义的欧美思维模式也不失为一个改变自己的好方法。

㊀ 对人恐惧症：神经症的一种，又被称为社交恐惧症。轻度会导致"怯场"。当在众人面前做某事时，会感到极度紧张和恐惧，出现面红、发冷、出汗等症状。

㊁ KY：来源于日语的"空気・読めない（发音 kuuki yomenai 直译为'不会读取气氛'）"的首字母，意思是没眼见儿、不会按照当时的气氛或状况做出合适的反应。

对人恐惧症的主要症状

如果你也有对人恐惧症的倾向,那么何不试着接受不完美的自己,对自己说"做得不好也没关系"。

脸红恐惧症

在众人面前会变得面红耳赤。同时又会担心因此被嘲笑而烦恼不已。

出汗恐惧症(多汗症)

在大庭广众下或感到不安时,出汗量异常增多。又分全身性多汗症和局部性多汗症。

体臭/口臭恐惧症(自臭恐惧症)

觉得自己有体臭或口臭(大多实际情况并非如此),因担心被讨厌而不安。

视线恐惧症

非常在意别人的视线。又分为自我视线恐惧、他人视线恐惧和对视恐惧。

震颤恐惧症

当众做事时身体会出现极度震颤的状态。比如,交换名片或当众演奏时。

聚餐恐惧症

与人共餐时会出现无法进餐、恶心、难以下咽等极度紧张的状态。

演讲恐惧症

在学校、会议或各种仪式中当众讲话时会变得异常紧张,以至于头脑一片空白无法讲话。

电话恐惧症

办公室的电话铃响起时,由于担心别人会听到自己讲电话而忐忑不安,以至无法接电话。

书写痉挛(手部震颤)

在参加庆典仪式签到、在合同上签字等当众写字的时候,手会出现极度震颤。

喜欢华丽的装束
有效缓解不安感和自信不足

华丽的装束 = 自我表现欲强？

如果在街上看到一位**穿着华丽**的女性，你会对她有什么样的印象？你可能会觉得，"她是一个有很强的自我表现欲⊖、想惹人注目的人"，或是"她对自己的品位和身材非常自信"。

然而，在心理学上，并不将"华丽的装束"看作是"自我表现欲强"的表现。心理学认为，**穿着华丽的服饰是为了缓解自己内心的不安和自信不足**。

充当铠甲的"身体意象边界"

心理学中有一个术语叫**"身体意象"**，是指**对自己身体的印象**。**身体意象与外界的交界线被称为"身体意象边界"**。如果我们把它想象成一个人身上穿的铠甲可能会比较容易理解。

这身铠甲的作用是保护自己不受外界的伤害。不过，有些人的**边界范围狭小而不明确**。由于他们处于不明确铠甲存在的状态，所以**常常对外界感到不安**。因此，会出现诸如无法掌控与他人之间的距离感、无法与他人顺畅地交谈等问题。而与之相反，**身体意象边界范围宽广且边界清晰的人则能够自信行事**。

⊖ **自我表现欲**：渴望在社会中展现自己的存在感，是人的一种自然需求。

缺乏自信的时候就去改变穿衣风格

为什么当人们对自己的穿着不甚满意时会焦躁不安,以至无法坦坦荡荡地做事呢?反之,又是为什么很多人一穿上笔挺的套装就能够自信满满地说话做事,整个人都变得积极起来呢?

实际上,这是因为人的**身体意象边界在很大程度上受到衣着的影响**。所以,心理学告诉我们:"当你感到不安的时候,可以穿上一套名牌衣服"。因为周围的人都了解名牌服装的价值,所以这样做能够轻而易举地扩大自己的身体意象边界。

同理,我们也可以这样理解,那些喜欢时尚名牌服饰的人实际上在潜意识中是想要明确自己的身体意象边界。所以,如果你"希望更积极地生活",试着让自己的装束更华丽一些也许会给你带来意想不到的效果。

心理学小知识　有关角色和服装的监狱实验

1971年,在美国斯坦福大学进行的"斯坦福监狱实验"证明,如果给一个普通人赋予特殊的身份或地位,那么他就会做出符合这个身份的行为。

实验用抽签的方式将被试者随机分为"囚犯"和"看守"两组,然后让他们分别穿上囚犯和警察的服装,并在监狱里扮演各自的角色。尽管这只是一个实验,但扮演囚犯的人变得越来越像真正的囚犯,而扮演看守的人则变得更像真正的看守了。不久,看守便开始对囚犯出言不逊,而囚犯也开始表现出抑郁的症状。虽然在实验开始时,受试者双方的身体条件是相同的,但由于被赋予的身份和服装导致他们的人格发生了变化。由于扮演囚犯的被试者受到了相当大的伤害,原本计划为期两周的实验最终被缩短到了6天。

反复整容
认定自己长得"丑"的躯体变形障碍

觉得自己"丑"而反复整容

任何人都**多少会对自己的容貌有几分自卑**。要是我再白一点儿、眼睛再大一点儿、鼻梁再高一点儿……就好了——虽然难免会有这些想法,但大部分人日常忙于学习或工作,自然就会将这些烦恼抛到脑后了。

如果一个人整日关注自己的容貌以至于需要不停地照镜子,那么他就有可能是**躯体变形障碍**⊖。这是一种对自己的脸或身体的细微部位感到厌恶,同时伴随着一种近乎幻想的执着——"我这么丑,没法出门见人""戴着这张脸生活还不如死了好"——的神经官能症。其中的**很多人会去接受整容手术,而由于自己的幻想缺乏客观性,手术的结果自然也无法令人满意,于是他们会反复整容**。也有些人会回避与人接触,渐渐孤立于社会,最终**长期闭门不出变成蛰居族**(➡ P116)。

与自卑的区别

虽然它很难与单纯的**自卑**区分,不过**若已严重到影响日常生活的程度则被视为躯体变形障碍**。而患者表现出的不断为此烦恼,以及**难以抑制不安或恐惧的症状**也与**强迫症**(➡ P24)类似。他们为了随时查看自己的形象不得不反复照镜子,但同时又害怕拍照

⊖ **躯体变形障碍**:Body Dysmorphic Disorder(BDD)。源于紧张压力,是一种在身体或行为上表现异常的身体表现性障碍。

或录像。甚至有些人因无法拍证件照而找不到工作。

在美国进行的一项调查结果显示，大约有 1% 的人患有躯体变形障碍，有些患者对自己"因长得丑而痛苦"的感觉难以启齿，所以患者的实际人数可能比这个结果更多。当这种因幻想导致自己过分在意形象的症状严重时，也会被诊断为**感统失调症** ㊀（➡ P140）。此外，躯体变形障碍还有一个特征就是，很多患者会因自我评价过低而并发抑郁症。

㊀ **感统失调症**：表现为幻听、妄想、思维形式障碍、意志力低下，自闭倾向等症状。多见于年轻人，在日本的患病率约为 1%。

什么是躯体变形障碍

虽然事实并非如此，但认定自己长得丑，并因此影响了正常的生活。

躯体变形障碍的症状

出现"自己很丑"的强迫性思维
↓

- 害怕照镜子
- 不禁反复照镜子以确认自己的形象

认定自己长得丑
↓

- 反复整容
- 形成进食障碍

害怕到人群中去

- 长期闭门不出
- 不厌其烦地对自己在意的部位进行反复确认

↓

对自己不满意的部位不止一处。可能是脸、鼻子、骨骼、体形等，也可能是自己的整个身体。多发于青春期，也有患者的症状持续长达 10 年以上。

没有太阳也要戴墨镜
获得心理上的优越感，改变形象的道具

能让人形象大变的太阳镜

以前，如果一个人在没有太阳的时候也戴着墨镜的话，就会被当成黑社会。而最近，墨镜却成了一种时尚元素，渐渐被更多的人使用起来。不过，它多少还是与帽子或披肩这种配饰有一些不同的意义。

有一句话叫作"眼睛会说话"，顾名思义，眼睛能够传达很多的信息。如果将眼睛遮住，就会显得非常不亲切，甚至连是谁都搞不清楚了。也正因为如此，在报纸或杂志中，为了不让人认出照片里的人，会特意用线条遮住其眼睛的部位。

戴上墨镜就相当于在眼睛上加了一道遮挡线，本人会感觉好像不是自己了。自卑感强的人戴上墨镜会感觉更自在。也就是说，墨镜是一个能让人轻松**改变形象**的道具。

再有，戴着墨镜就不会被别人注视，而自己却可以盯着对方看，这也会让人**在心理上有一种优越感**。在美国进行的一项实验表明，口吃㊀的人在戴上墨镜之后，说话就变得流利起来了。

㊀ **口吃**：是一种无法在他人面前流利说话的语言障碍。比如在说"早上好"的时候，会重复地说"早、早、早、早上好"。

难以获得别人的信任

偶尔戴戴墨镜倒也无妨,如果经常佩戴也会带来一些不好的影响。

有实验表明,经常与人有**眼神交流**会被认为聪明且有能力,很容易被他人接纳。

而戴着墨镜就**无法与他人发生目光接触,会被认为是一个"猜不透的人",并使对方因此感到不安**。于是便难以获得别人的信任,与他人之间的沟通也会越来越少。所以,除非是故意想要展示自己的威慑力,在一般的场合中,对这种时尚元素的运用一定要适可而止。

不同情况下的目光接触

不仅是人类,所有哺乳动物都以目光接触为最基本的交流方式。

运动中

在足球、篮球等球类运动中,运动员之间时常会通过眼神交流,在对方不注意的情况下传递暗号。

与爱犬之间的交流

在训练或表扬自己的宠物狗时,我们会看着它们的眼睛。

过度的目光接触

过度的目光接触会让彼此间产生紧张的气氛。比如,在公交车上被陌生人注视时,会因感觉不舒服而把脸转过去。也有时是为了展示威慑力。

经常自己笑出来或自言自语

如果旁人都觉得"奇怪",则可能是感统失调症

感统失调症是一种很普遍的疾病

你身边有没有总爱**一个人窃笑或自言自语的人**呢?如果身边有个这样的人,我们难免会想:"那人到底在想些什么呢?"这多少会让人感到不舒服。

实际上,这类人有可能患有**感统失调症**。这并不是一个少见的病症,不管在哪个国家,它的患病率都在 0.5%~2%。而胃溃疡或十二指肠溃疡这类消化系统溃疡的患病率约为 1%~2%。所以,如果你身边有人患有感统失调症的话,一点也不奇怪。

感统失调的症状主要分为**"阳性症状""阴性症状"**和**"认知障碍"**三大类。

阳性症状的显著特征是**幻想、幻觉或幻听**。经常出现**窃笑(独自发笑)或自言自语**等行为。**阴性症状**主要表现为**"注意力不集中""缺乏积极性"**等精神层面的症状,因此常被认为"只是在偷懒",而很难意识到这其实是一种疾病。而**认知障碍**的类型会表现出**类似痴呆的症状**。

不管是哪一类,大多数情况下**患者本人缺乏患病意识**⊖,**也因此难以得到治疗**。这种疾病被认为源于脑功能障碍,但并没有明确的证据。近年来,有望通过药物治疗让病情好转。

⊖ **缺乏患病意识**:即使患者本身已经呈现出患病状态,却依然不承认。常见于感统失调症、酒精依赖症患者,并出现不愿意在医疗机构就诊等问题。

感统失调症到底是一种什么病

感统失调症与躁郁症一样,是一种具有代表性的精神疾病。长期以来,由于缺乏有效的治疗手段,感统失调症患者经常遭受他人的偏见和误解。不过,现在有了副作用较小的新药物疗法。

感统失调症的症状

大致可分为三类

① 阳性症状

- 忐忑不安
- 过度兴奋

↓

除了幻想、幻听,典型的行为还有窃笑(独自发笑)和自言自语。像是想到了什么似的突然发笑;朝着空无一人的方向开始说话。

② 阴性症状

- 精力不集中
- 缺乏积极性
- 工作不认真

↓

如果症状长期持续下去的话,会发展成不愿外出,甚至不去上学或上班,变成一个蛰居族。由于很难意识到这是一种疾病,会被认为"只是犯懒"或"孩子气"。

③ 认知障碍

- 症状类似痴呆
  (语言、动作、运动)

↓

无法读书;无法理解影视剧的情节;无法按照要求完成工作等。行为失去协调性,有的患者会独自在公司或学校里游荡。

感统失调症的发病年龄

多见于年轻人,男性平均发病年龄为18岁,女性为25岁。也有中年以后发病的病例。特别是老年发病的患者,会由于误诊为痴呆症而被延误治疗。

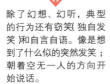

男性 18岁　　**女性** 25岁

〈平均发病年龄〉

主要病因

一般认为源于脑功能障碍,但并没有十分明确的证据。也有人指出具有遗传性因素。

无法抵挡"免费"的诱惑

没有比免费更贵的东西,常伴有意外的支出

"免费"真的占便宜吗?

由于长期的不景气,很多人手头都不宽裕,大家都攥紧自己的荷包,不再大手大脚地买东西了。这时,"免费体验""免费试用装""免费咨询"这种免费的服务便会吸引人们的注意。有些人可能会想"反正是免费的,尝试一下也无妨吧",而实际上并没有那么简单。

人的回馈心理

在心理学上有一个概念叫作**"对善意的回馈倾向 ⊖ "**,指的是**如果对方向自己表示出善意,那么自己也会对其抱有善意**的心理(➡ P50)。表示善意的方法也包括"赠予物品",而被赠予的一方则会回赠物品。也就是说,不管是感情上还是物质上,得到善意的一方也会有所回馈。

免费的服务可以说也具有相同的效果。比如商场或超市中的免费试吃。在不断地推荐下试吃了之后,如果不买的话,你是不是会感觉不太好意思呢?对于那些试吃过的食品,我们往往会买下来,然后这样来安慰自己——"反正也不是很贵"。

⊖ **对善意的回馈倾向**:与之相对的叫作"对厌恶的回馈倾向"。对于讨厌自己或给自己恶评的人也抱有厌恶之情。

从行为和态度了解心理 第3章

你本来只是打算去商店看看电子产品,并没有想要马上购买。可当你面对店员热情的介绍又觉得不买有点儿过意不去,于是当天就买了一件很贵的商品回来。这时,你又会自我安慰道:"反正早晚要买,今天直接买了也好,免得还要再跑一趟更麻烦。"

对方展示的善意越多,或者商品越便宜、越实用,人们就越容易掏钱购买。当然,销售员也明白这种心理,并加以利用进行推销。所以我们最好也要知道,在那些免费的服务中也包含着这种销售策略。

送礼的心理

人们在赠送礼物的时候,会遇到一个程度的问题。如果送的礼物过于贵重,以至于成了对方的负担,会怎么样呢?

 恋人送了高级的名牌项链作为生日礼物。

"原来他是如此喜欢我啊"

 一个不喜欢的人送了同样的项链。

"真为难啊"

对善意的回馈倾向

人们以"得到多少善意就回报多少善意"为原则。而如果得到的善意多到无法回报的程度,就会产生强烈的负担感。

礼物也可以换成关心。所以,过度的关心都不太受欢迎。如果不是家人或恋人这种程度的亲密关系的话,在通过赠送礼物表达善意的时候,一定要慎重选择。

突然情绪失控甚至诉诸暴力

无法遵守社会规范的反社会型人格障碍

内心的刹车失灵

我们从小就被教导"撒谎、施暴、盗窃……这些是反社会行为"是"不能做的事"。所以，到了上学的年龄时，内心便自然地产生一种制动机制，能够让自己打消这种想法。而正因为有这种机制在发挥着作用，我们才不会做出那些反社会行为。

不过，社会上也有些人内心的制动机制没有发挥作用。总有一部分人会做出一些有问题的行为，比如，**遇到不如意的事情就会诉诸暴力**，为了个人私利可以不以为然地撒谎，伤害别人时内心毫无愧疚感等等，这些人被称为具有**反社会型人格障碍**⊖。

约占总人口 2% 的反社会型人格障碍

有这种人格障碍的人数约占总人口的 2%，男性居多，男女比例为 3∶1。他们更容易陷入**酒精依赖**或**药物依赖**，并且已证实大部分的罪犯患有这种反社会型人格障碍（当然，并不是说有反社会型人格障碍就一定会去犯罪）。

而且，患者本人几乎意识不到问题的存在，所以他们很少会主动去寻求治疗，这也是这类人格障碍的一个特征。经常有患者是因

⊖ **反社会型人格障碍**：不诚实，对侵害他人权利或感情毫不在意，是一种比神经症更严重的人格障碍。缺乏或完全没有道德感。

酒精依赖症而就诊时才被诊断出患有反社会型人格障碍的。

有些人看上去甚至很有吸引力

大家对反社会型人格障碍的印象可能是态度傲慢、有暴力倾向。但实际上，他们看上去可能是很有吸引力的。有反社会型人格障碍的人为了自己的利益或个人的享乐可以平静地去伤害别人。如果在年少时期就表现出这种倾向的话，最好在发展恶化之前及时到专业机构咨询就诊。虽然存在个体差异，但大部分的此类人格障碍症状的高发期都集中于15~20岁，这之后，随着年龄的增长，症状会变得越来越不明显。

"反社会型人格障碍"的自查

15岁之前出现反社会行为，并且到18岁以后仍没有改善的人，如果符合下列3项以上则有可能患有反社会型人格障碍。

☐ 不能遵守法律或社会规范。

☐ 为了个人利益或享乐去欺骗他人或撒谎。

☐ 性情冲动，无法为未来订立计划。

☐ 性情急躁，具有攻击性。对于挫折非常缺乏耐性，会经常陷入争吵或诉诸暴力。

☐ 像飙车党一样，无视自身及他人的人身安全。

☐ 一贯不负责任，难以长期持续工作。不履行经济上的支付义务。

☐ 欠缺良心的谴责，会毫不犹豫地伤害他人，虐待动物，盗窃物品。也会将自己的行为正当化。

根据美国精神医学会发布的《精神障碍的分类与诊断标准》（DSM-IV）改编。

夫妻经常争吵
被压抑的情感得到释放，精神得到宣泄

通过夫妻间争吵释放内心的情绪

你一定听过"今年最催泪电影"这种宣传吧。催泪电影、催泪书、催泪歌曲……市场上充斥着各种以"催泪"为卖点的文艺作品。为什么这个时代的人们这么"想哭"呢？

当人们接触以"催泪"为宣传点的电影或书籍时，内心深处积蓄的消极情感会被唤起，并与作品中人物角色的情感产生共鸣。于是，随着情节的发展，自己内心**一直被压抑着的烦恼或痛苦也会得到释放，心情随之变得舒畅起来**。这种现象在心理学上被称为**精神宣泄**⊖。

人在**压力过大的时候会想要再次感受之前体验过的精神宣泄的快感**。这就是为什么人们会去看催泪电影或书籍的原因。也许是现在的人们压力太大了吧。

而看似与这毫不相关的**夫妻吵架，实际上也能达到精神宣泄的效果**。如果和陌生人生活在同一个屋檐下，久而久之会在不知不觉间相互产生不满情绪。而若是一直忍耐下去，过不了多久就会爆发出来。所以，夫妻之间不是去压制这种不满，而是通过吵架的形式将情绪释放出来。如果把这比作**"泄压阀"**也许会更好理解。从消解紧张压力的意义上来讲，当遇到烦恼时找个人聊一聊也不失为一种精神宣泄的方式。

⊖ **精神宣泄：**（源自希腊语 catharsis）原义指通过将滞留在体内的污物排泄掉来净化身体。亚里士多德首次将其用于精神层面的意义。

从行为和态度了解心理 第 **3** 章

夫妻吵架的不当用语

那种能起到精神宣泄效果的争吵尚可，但如果是使人徒增压力的争吵方式，则只会让双方更加痛苦。所以，在争吵中一定要避免使用这些不当用语。

① 否定对方的人格

 不当用语

"你可真是反应迟钝啊！"
"你可真烦！"

② 主观断定

 不当用语

"反正下次你还是会这么干！"

③ 与别人比较

 不当用语

"我妈妈就比你更顾家！"
"那还不是因为有xxx帮她做家务！"

④ 翻旧账

 不当用语

"你总是优柔寡断。结婚前就是这样。旅行的时候也是……"

⑤ 指责对方的家人

 不当用语

"你父母太缺乏常识！"
"你妈对你太娇生惯养了！"

> 争吵当中头脑过热，有时会不经思考脱口而出一些不当用语。但无论如何都不能诉诸暴力。施暴的一方能轻易忘记此事，但被施暴的一方则会在内心留下恐惧与愤怒的烙印。

高明的夫妻争吵

例1 以"我"为主语说话

恰当用语

"我希望你能多帮我干干家务"
"我希望能有多一点自己的时间"

例2 定下和好的方式

 恰当用语

"我去买蛋糕回来"
"我们去xx店吃饭吧"

147

爱嚼口香糖

有助于安抚焦虑，让内心平静下来

嚼口香糖有很多好处

一般来说，当着别人的面嚼口香糖会给人留下不礼貌的印象。可能也正因如此，一些想学坏的中学生或品行不端者会故意出声地嚼口香糖。

我们先不谈中学生的事儿。有些品行端正的成年人也时常嚼口香糖。比如，我们常常会在棒球比赛的现场直播中看到一些运动员嚼着口香糖的特写镜头。既然知道这样看起来不太雅观，可他们为什么还会这么做呢？

实际上，**"咀嚼"的动作具有安抚焦虑情绪、让内心平静下来的作用，并且近年来在运动心理学中颇受推崇**。现在，除了棒球以外，一些足球和田径运动员也开始通过嚼口香糖的方式来稳定情绪。

如果你周围也有总嚼着口香糖的人，那可能是因为他在不知不觉中也体会到了这种效果吧。至少口香糖比让人成瘾的香烟更健康。

除此之外，嚼口香糖还有很多其他的好处。比如，"促进唾液分泌，预防龋齿""促进大脑血液循环，预防痴呆""刺激饱食中枢，有利于减肥"等等。

不过，如果在不必要的情况下仍时时刻刻嚼着口香糖，那么就有可能变成了**习惯性依赖**㊀。

㊀ **习惯性依赖**：日常生活中习惯化的癖好。不那样做就感到不安。以吸烟为例，吸烟的人不仅仅是对尼古丁的依赖，而很大程度上是对这个行为习惯的依赖。

几种简单有效的平复紧张焦虑的方法

如果你在比赛或考试之前会陷入紧张不安的情绪中,可以试试下面几种方法来缓解。若能先在放松的状态下练习几次,让自己形成一个缓解紧张不安的印象之后,效果更好。

调节情绪
按压"合谷穴"
拇指与食指指根之间
位置在手的背侧

缓解不安
按压"内关穴"
腕横纹上三指处
位于前臂掌侧

有助平复情绪
精油香薰
在手帕或纸巾上滴1~2滴精油后轻闻。

【精油的种类】
- 甘菊精油
- 薰衣草精油
- 檀香
- 乳香
- 依兰香
等等

有效放松
选一个舒服的姿势做深呼吸
一边深深吸气,一边慢慢数到3,然后再慢慢呼气数到6。

穴位 / 香薰 / 深呼吸 / 身体放松

有意识地全身用力 → 保持3秒钟 → 彻底放松
手自然下垂同时用力耸肩   瞬间完全放松

一开车就像变了一个人
坚信自己拥有像汽车一样无所不能的力量

为什么会恶意超速？

你遇到过那种人吗？他们**只要一握住方向盘就好像变了一个人似的**，嘴里还总是骂骂咧咧地说个不停——"怎么开得这么慢！""大妈开车真让人抓狂"，在普通道路上也要用危险的方式超速行驶。

一个平日里看起来普普通通、成熟稳重的人突然间性情大变，甚至会让人有些害怕。坐在副驾驶上偶然搭车的同伴看到身旁的人出现这种变化自然也会感到非常不自在。然而本人却完全意识不到这种尴尬的氛围——他们之间到底发生了什么？

如果交通工具换作自行车或摩托车的话，他就不会出现这种态度上的变化。那么，为什么偏偏是汽车？

汽车的全能性能会让人产生错觉

汽车就好像是一个**移动的房间**。当人身处这个小房间里时，**能够释放紧张情绪，处于一种毫无戒备的放松状态**。平时有意识保持彬彬有礼形象的人，一坐进汽车便会立刻恢复真实的面目——全能感㊀。一台巨大的钢铁机器在自己的操控之下跑出一百多公里的时速所带来的兴奋感会**使人产生一种错觉，好像自己也变得无所不能了，继而开始口出狂言**。而这些实际都是自言自语，

㊀ **全能感**："我是最牛的，没有我干不了的事"一种自我感觉良好的心情。就是我们生活中常说的"翘尾巴""太嚣张"。

它们针对的对象反而听不到，也就不会遭到他们的反击，因此言语便愈发肆无忌惮了。

一个了解本性的机会

人在开车时的表现常常会让旁人意外。如果一个人总爱强行超车，那么可以说他性情急躁、危险意识淡薄。而如果一个健全的人为图省事把车停到残疾人专用停车位里，那么我们就知道他是一个凡事只想着自己的人。

从这个角度来看，和你的结婚对象来一次开车兜风也许是一个不错的主意。因为这是一个可以一窥对方真实秉性的好机会。

让人态度骤变的汽车

能够操控一台如此庞大的汽车所带来的无所不能的感觉会让人产生一种错觉，好像自己变得更厉害了。

1 体贴地为女性开门

2 因为前车开得慢，于是变得焦躁不安

3 使一旁的女性大吃一惊！

怒斥前车"不要磨磨蹭蹭的！快躲开！"

4 到达目的地后又会笑着跑过来为女性打开副驾驶的车门。

超实用!"他人心理" 5

从选择座位的方式上了解心理

选座的方式能表现出一个人深层的心理。
了解座位的位置所代表的意义便可以推测出谈话的内容或对方的心情。

两人交谈时的座位选择

假设你先落座。那么,通过对方选择什么位置就座,便能够推测出他的心理。

位置 ❶

能够放松地交谈,倾向于聊一些轻松的话题。可知对方对自己有一定的亲切感。

位置 ❷

共同工作等需要相互合作时会选择此位置。这是一个双方容易发生肢体接触的位置,因此可知对方对此并不介意。双方关系比较亲近。

圆桌，还是方桌

在圆桌或方桌旁，就座的人在心理上会表现出微妙的不同。在圆桌上很难确定一个上座（地位最高的人的座位）的位置，因此成员间有一种公平感，能够更积极地交流。

而方桌则能够更好地发挥出领导效果，是领导们青睐的桌型。

位置❸

最普通的就座位置。在涉及对抗、竞争、劝说等严肃的话题时，多会选择此位置。如果一个与你关系很亲密的人却一本正经地坐在了这个位置上，那么就意味着后面的交谈多半会涉及严肃话题。

位置❹

在各自处理不同工作时选择的位置。不适合交谈。如果在交谈时选择此位置，则双方关系相当疏远，或意味着对立。

超实用!"他人心理"5

三人以上交谈时的座位选择

通过所选择的座位位置,可以推断出人的类型。

选择 A 座位的人
渴望发挥强大领导力的领袖类型

选择 B 座位的人
虽然不具领导气质,但会积极参与会议并主动发言

选择 C 座位的人
重视人际关系的领导类型,或A型领导的副手

选择 D 座位的人
对会议内容不感兴趣,不会主动发言

一般在开会时,领导者会坐A座位,而支持该领导的人则会坐到B座位,以保证会议顺利进行。如果是"头脑风暴"式的会议,领导者最好坐在C座位上。

去咖啡厅坐在哪里

坐在角落位置(A)
人总是会去观察自己所处的位置,因此更喜欢能够总览整个环境的角落座位。这里既不显眼,又能观察到其他人。

坐在角落里面向墙壁的位置(B)
不希望与别人接触。多是性格内向的人。

坐在入口附近的位置(C)
多是不稳重,性情急躁的人。

坐在中央位置(D)
多是自我表现欲强、对别人不感兴趣的人。

第 4 章

从外表了解心理

不想说话时的信号

在谈工作或与好友聊天等各种各样的交谈场合中，如果对方开始出现下面这些动作，那么就表示他已经不想再聊下去了。这时，最好尽快结束谈话或做总结陈词。

注意对方的动作

点头一次超过三下

"鸡啄米"式地点头或忽视对方讲话节奏的频繁点头都是想尽快结束谈话的信号。也有可能是感觉太麻烦了。

重复毫无意义的动作

比如，饮料已经喝完却仍频繁举杯；不停地打开笔记本写一些没有意义的笔记；反复摆弄手机，等等。

摸自己的耳朵或头发

也许只是些习惯动作，但若是在对方说话的时候出现这种动作，那就表示想让对方尽快结束。也要多注意观察对方的表情和反应。

清嗓子

故意咳嗽是一种表达"拒绝"的信号。也可能是与谈话内容意见相左。

借故离开

频繁借"我去打个电话""我去一下洗手间"之类的理由离席，代表对方想尽快回去了。

在椅子上坐不住

坐不稳，想要站起身来的动作其实是潜意识中想要尽快离开的表现。类似的还有手抓椅子的把手等动作。

烟只抽一口就掐灭

如果在你说话时对方点了烟却几乎不抽，最后直接在烟灰缸里掐灭的话，表示他想要尽快结束谈话。

叉着腿站（双手叉腰）

拜访客户时，如果对方摆出这种姿势的话，就表示他没有打算要听你介绍。

"不管怎样/总之……"

如果在你说话的时候，对方开始说"不管怎样/总之……"的话，代表他不想再听下去了。

拒绝推销电话的方法

如果推销员在电话中迟迟不说重点，你可以开门见山地问对方："你到底有什么事？"然后明确拒绝说："我不需要！"如果开始时做出一副倾听的姿态，那么很可能会被对方惯用的推销话术牵着鼻子走，而难以找到挂电话的机会。

从手、手腕的动作了解说话时的心理

想要知道对方对自己的态度,就去注意观察对方在说话过程中的一些手部和手腕的动作。

表示警惕的手部动作

把双手藏起来

心理学认为,把手藏起来的行为表现出拒绝对方的心理活动。特别是在两人面对面的情况下,这是一种不想被对方看穿内心的表现。

接受还是拒绝

双手摊开

面向对方双手摊开是接受对方的表现。

双臂胸前交叉

心理学认为,双臂交叉于胸前是一种自我防御的姿势,也是一种向对方表示拒绝的信号。平时总爱摆出这个姿势的人很可能是一个警惕性强、以自我为中心且胆怯的人。

从外表了解心理 第 4 章

注意说话时的手部动作

半握拳
双手仍是放松状态，代表可以继续交谈。

双手摊开平放桌面
对方摆出这种姿势时表示他处于放松状态，并且能够接受你。

指尖叩击桌面
"咚咚"地叩击桌面是焦躁的表现。

双手紧紧攥拳
在说"不"，表示不想再听下去了。

手摸了哪里

抚弄手表
明明还有时间却频繁触摸自己的手表，这样做是为了以此来掩饰自己的紧张。

摸下巴
一种"防御"信号。由于想要保护自己不受到对方的言语攻击，或是防止自己说错话，而表现出一种谨慎的态度。

摸鼻子
如果听者将手放到了鼻子上，那么他很有可能是在怀疑你说的话"是真的吗？"

从头部等动作了解说话时的心理

说话时,我们都很在意对方对自己的态度。而自己对对方的想法也能够通过态度表现出来。如果想让对方喜欢自己的话,就要特别注意自己的头部动作和态度。

身体动作与情绪相关联

对话题感兴趣时

上身前倾,头前伸,脚向后收。

觉得话题无聊时

头向侧(左/右)倾,低头,或单手托腮。

对对方感兴趣时

如果我们对某个人感兴趣,就会想去详细了解那个人,于是便会更接近对方以便看得更清楚。因此,当两人之间的桌面上有烟灰缸之类的物品时,就会做出将其挪到一旁的动作。

第4章 从外表了解心理

从点头的方式了解心理

向前探身并点头

对对方有好感,对话题感兴趣。

超过三次的连续点头

也许只是出于社交礼仪,要观察对方的表情。

不符合谈话节奏的点头

无视谈话内容或交谈节奏的点头是一种拒绝的信号。

还要注意这样的态度

下巴内收,眼睛朝上看

这代表对方有某些反对意见。下意识地摆出威慑攻击的姿势。

变得不踏实起来

如果对方开始出现频繁看手表、抚弄手机、摸眼镜或项链等动作,就表示他已经对话题不感兴趣了。而如果对方的脚开始变得不安分,不停交换交叉方向、晃来晃去或向前伸出,他其实是想尽快离开这里。

表达好感的同调行为

看到你喝饮料,对方也喝起饮料,你歪头他也歪头……如果对方总是做出和你相同的举动,就表示他对你有好感。和有好感的人待在一起,久而久之就会做出和他相同的动作或摆出类似的姿势。这在心理学上叫作"同调行为"。这是一种不会对厌恶的人表现出的现象(➡ P30)。

161

4 从脸型、五官、表情能看出什么

在初次见面时，人们都是通过观察对方的面部来获得第一印象的。而不同的印象会带来不同的应对方式。因此，脸型、脸色和表情在第一印象中起着至关重要的作用。

从脸型解读性格

圆脸

圆乎乎的脸庞容易给人好感。多数圆脸的人也是善于交际的。

左脸透露真实内心 右脸以理性示人

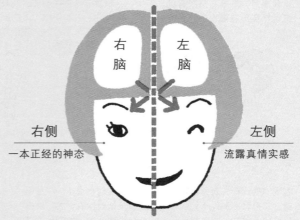

右脑　左脑

右侧　一本正经的神态

左侧　流露真情实感

人的面部并不是左右完全对称的，左右脸上的表情也并非完全一致。研究发现，人的左脸会流露出真情实感，而右脸则喜欢摆出一副一本正经的表情。这是由于右脑主管印象与情感，而左脑主管语言和理性。由于延髓下端出现的椎体交叉，大脑和它所主管身体部位的方向恰好相反，因此在左脸上会流露出更多的真实情感。

从外表了解心理 第4章

瓜子脸
下巴尖细不仅会给人头脑敏锐、聪明、感受性强的印象,也会给人过于细腻、缺乏耐性的感觉。

方脸
宽下巴不仅给人有毅力和努力的印象,也会给人带来顽固的感觉。

影响人际关系的"符号化"与"解读"

把自己的心情通过表情表现出来的过程,在心理学上被称为"编码(符号化)"。而读取对方发出的符号信息以及理解并推断其情绪的过程,被称为"译码(解读)"。

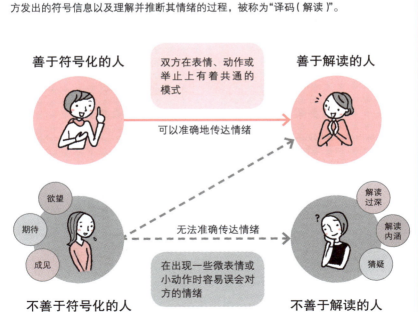

163

通过眼睛的大小了解性格

大眼睛的人

这类人大多好奇心旺盛,学习积极性强。一般来说,他们直率、和善,有很强的责任心。

小眼睛的人

眼睛小的人会仔细看清事物的样貌以后再开始行动。由于善于仔细思考,踏踏实实地做事,很多人会给自己设立人生规划或目标,并一步一个脚印地去努力。

自尊心的强弱看鼻子

高鼻梁

多数是自尊心强的类型,他们非常有自信,做任何事都很积极。同时,"高鼻梁"们容易给人骄傲自负的感觉。

塌鼻子

跟高鼻梁的人相比,塌鼻子的人给人的感觉比较沉稳,这种谨慎的行事风格更容易得到周围人的喜爱。

从外表了解心理 第4章

行动力看嘴形

大嘴
给人以活跃且有行动力的印象,具有能够影响周围人的积极能量。

小嘴
给人老实的印象,谨慎,会照顾人。如果和大嘴的人配合行动,便能事半功倍。

恋爱倾向看唇形

厚嘴唇
热情,情感丰富。这类人在恋爱的时候会倾注所有。在工作上也是一样,如果爱上一项工作便会干到最后。

薄嘴唇
这类人非常理性,给人沉着冷静的印象。在恋爱中,他们如果觉得对自己没有什么好处便会立刻放手。对工作也会冷静应对,高效完成。

面无表情是累了吗

人都不愿意将自己的弱点示人,而有些人也不愿将自己的弱点通过表情流露出来,不会把喜悦、快乐、愤怒、悲伤这些情绪表现在脸上。经常面无表情的人,其实在精神上或肉体上是疲劳的,也有可能是有某种心病。

随情感变化而不断变化的脸色

当人内心不平静、感到羞耻或强烈的不安时,脸就会发红。这是一种生理反应,任何人都一样。

人在生气的时候,脸也会变红。这是由于肾上腺素的分泌使血压上升,血流加快导致的现象。

如果内心的不平静或不安情绪继续增强,脸色会进而变得苍白。

5 从眼睛的动作了解说话时的心理

人们常说『眼睛会说话』『眼睛是心灵的窗户』，眼睛或视线能够充分表现出一个人的心理状态。让我们通过眼睛来解读对方的心理，使交流变得更加有效。

眼睛正看向哪里

看向左上方

想起了过去的经历或以前看到的景色。

看向右上方

在想象从未见过的情形或者是准备撒谎。

看向左下方

正在想象有关听觉的印象（音乐、声音等）。

＊左撇子的人则相反。

看向右下方

正在想象有关身体的印象（肉体上的痛苦等）。

眼睛的运动方式

视线向下方移开
胆怯，害怕对方。

视线移向左/右侧
拒绝对方或对对方没有好感。

向两旁东张西望
心神不定、忐忑不安，正在左思右想。

说话时眼睛向上仰视对方
对对方表示谦逊。或者，处于被动、撒娇或有求于人的状况。

说话时眼睛向下俯视对方
认为自己比对方地位高，想要指挥对方、控制对方。

眨眼是紧张不安的表现

有些人有频繁眨眼的毛病，不过一般来说，如果一个人眨眼的次数突然变多，那么可以说是他开始越来越紧张不安了。如果一个人在交谈过程中突然开始频繁地眨眼，则意味着谈话内容让他感到了紧张或不安。也可以理解为"他不想触及这个话题"。
另外，一些生性胆怯的人害怕与他人目光相对，这种紧张也会导致其频繁眨眼。

紧张

6 从笑的方式了解性格

笑可以让身边的人都快乐起来，自己也能从中感到快乐，因此很多人都爱笑。

不过，人们在笑的时候，会表现出各种各样的状态或情绪。

由于笑的方式因人而异，我们可以通过笑的方式去解读他们各自的情绪。

各种笑的方式

"嘿嘿嘿"地抿着嘴笑

这样笑的人能够控制自己情绪。在笑的同时还能够关注自己的表情以及观察周围人的表情。有时也会给人以瞧不起对方的感觉。

"哈哈哈"地开怀大笑

张开嘴笑，是向对方敞开心扉的信号。这样笑的人性格开朗，喜欢开玩笑。但是，他们不善于控制情绪，表达方式简单直接。

笑的频率

经常笑的人

这类人的亲和需求（➡ P36）强烈。他们希望与人和谐相处，喜欢时常有人陪伴左右，内心比较从容。

几乎不笑的人

这类人总是处于紧张的状态中，属于好奇心旺盛的类型。同时这类人也具有很强的竞争意识，会在同事或朋友中寻找对手，相互竞争。

从外表了解心理 第 **4** 章

"哇哈哈"地豪爽大笑

能发自内心地发出豪爽大笑的人一定是个不拘小节的人。

而如果笑得很不自然,则表示此人想掩饰自己的自卑、不安或胆怯。在受到对方威胁的时候也会故意发出看似豪爽的大笑。

冷笑

把对方当傻瓜,有强烈的优越感,会给人一种俗不可耐的感觉。

哼

笑口常开福自来

从心理学的理论来讲,笑容还有着"奖赏""回报"的意思。父母看到孩子的笑容会感到欣慰;被称赞"做得好"时,孩子也会回以笑容……笑容就像是一种"奖赏",它能使双方联结得更加紧密。

在医疗方面,笑可以提高免疫力已被证实。从某种程度上来讲,笑也是一种保健方法。

看来,"笑口常开福自来"的确是有道理的。

如何辨别假笑

在笑的类型中还有一种带有某种目的性的笑(假笑),比如,恭维的笑、迎合的笑、讨好的笑。这种笑是为了表现出与对方的亲密。

发自内心地笑时

先是嘴部出现笑的动作,然后是眼睛。同时,全身都会因快乐而动起来。

恭维的笑

- 眼睛和嘴同时做出笑的动作。
- 只有右脸在笑(➡ P162)。
- 嘴在笑而眼睛却没有笑。

7 使内心平静下来的手、手腕动作

触摸头发、脸颊、下巴等自己身体的行为被称为『自我亲密行为』。这其实是一种疼爱自己的行为。当人感觉到紧张不安的时候，会下意识地想让自己平静下来。

不安时的下意识动作

❄ 挠头

❄ 触摸头发

❄ 捏鼻子

❄ 双手反复做手指交叉然后松开的动作

❄ 搓手

❄ 去触碰桌子上的物品

❄ 抚弄衣服扣子

❄ 把纸张卷起来

等等

双臂交叉于胸前表现出警惕性

双臂交叉是一个表示"防御"的姿势。把手臂置于自己与对方之间的动作表现出一种拒绝对方的警惕性,而自己能通过这样的姿势获得安全感。这种姿势会给周围人一种难以接近的印象,让人感觉这个人没有敞开心扉。

坦露自己的态度

如果交谈时摊开手掌让对方看,那么他一定是个愿意袒露自己的人。这类人开朗而坦率,和对方亲密无间,不会隐瞒任何事情。

心中有愧时

当一个人内心有愧时,经常会做出擦眼睛、搓鼻子之类的动作,希望以此来干扰对方,不让其看穿自己的表情。人在说谎或找借口时也会做出类似的动作。另外,很多性格内向、不善表达的人也会有这些小动作。

托腮是想被安慰

双手托腮,心不在焉是觉得话题没意思、感觉无聊时的表现。

托腮被认为是一种代替别人来安慰自己时所做的动作。用双手或单手包裹住自己脸颊,其实是在进行自我安慰。也可以将此视为一种让自己内心平静下来的自我亲密行为,有时也是"希望得到别人支持"的表现。

8 从脚的动作了解说话时的心理

在与人交谈时，我们首先会去看对方的眼睛，然后是手。人们很少会关注脚。不过脚也有着各种各样的表情。正因我们平时甚少去注意自己的脚，所以它能更多地展现出真实的内心状态。

说话时的下意识动作

两腿并拢，坐姿端正

与对方有疏远感，不想让对方接近自己。

两腿岔开（男性）

坦率，向对方表达善意。

两腿并拢并斜向旁侧（女性）

有自信，自尊心强。受到别人奉承时很容易得意忘形。

从外表了解心理 第4章

右腿在上的二郎腿

性格有些腼腆，做事谨慎。

左腿在上的二郎腿

性格积极而开朗，希望由自己来主导交谈的节奏。

两脚腕交叉

不成熟，多是浪漫主义者。

频繁交换跷腿的方向

感觉无聊，希望转换情绪。

脚向前伸出

对谈话内容不感兴趣、感到无聊，敷衍了事。

腿朝向门的方向

想尽快结束谈话，尽快离开。

让对方很介意的"抖脚晃腿"

在交谈过程中，如果对方开始晃腿，你一定会感觉很不自在，"真希望他别再晃来晃去的了"。

实际上，通过将腿脚轻微晃动时产生的震动传递给大脑神经能够达到缓解紧张压力的作用。也就是说，这种动作大多数情况下会出现在情绪急躁、感到紧张或觉得不满的时候。所以，如果对方开始出现这样的动作，就说明此时的谈话也许触及到了他不想细说的部分。

风格喜好展现个性与心理状态

无论哪个时代都有流行趋势，人们会通过跟随流行时尚来展现自己的个性。并且，个人的服饰或发型也会根据心理状态的不同而变化。于是便形成了『个人的风格』。

从发型了解心理

长发

希望展现自己的女性魅力。

中长发

选择这种长度适中的发型，是想给人留下一个好印象。因为这个发型不像长发或短发那么显眼。

短发

想表现出自己积极活泼的一面。

用头发挡住眼睛或耳朵

性格内向，倾向于避免与周围人接触。

经常改变发型

希望被关注，也可能是因为自己感觉焦虑或不安的状态。

从领带了解心理

喜欢斜条纹领带的人

这是一种安全样式,喜好这种领带的人一般都具有一定的协调性。凡事按部就班,不喜欢反常的行为。

喜好颜色花哨领带的人

好奇心旺盛,做事积极主动。但是没耐性,很多时候会半途而废。

偏爱波点花纹领带的人

非常有自信,同时也极具实力。这类人性格温和,颇受大家欢迎。

喜欢戴帽子

多为稳重具有绅士风度的男性。

喜欢佩戴饰物

一般具有一定的审美观点和独特的性格。

热衷名牌

有些人甚至借钱也要购置名牌物品。实际上,这是他们想用这些高档物品来填补自己自卑感的表现。

从颜色喜好了解心理

红色系
性格外向,行为积极主动,具有攻击性,充满能量。

蓝色系
给人牢靠、值得信任、有礼貌的印象。能够客观地思考并做出理性的判断。

绿色系
固执、自负,有很强的优越感。很多是研究环境问题等方面的社会学派人士。

紫色系
神秘而感性、浪漫主义者,也会给人自尊心强、高傲的印象。

茶色系
给人易于合作、安全可信的印象,重视与他人的和谐相处。

单色
有神秘主义倾向,几乎不谈论自己的事情,我行我素。

化妆能强化人格面具的效果

人一般在无意识状态下有几种共通的类型人格——原型,而原型的基模之一就是人格面具。也就是说,这类人在公开示人的时候会表现出经过包装的一面。

可以说化妆也具有人格面具的效果,女性通过化妆使自己变成与平时不同的样子。也有些人由于非常在意别人的看法(公开的自我意识),会在化妆上下足功夫,照镜子的次数也越来越多。随着公开的自我意识越来越强,他们会不断尝试各种不同的化妆方式,在这个过程中,呈现出的妆容也会越来越艳丽。

第 5 章

在职场中解读心理

善于让别人接受自己的意见

根据不同的氛围适时改变说话方式和话题

优秀的观察力和注意力

社会中有一些人非常**善于让别人接受自己的意见**。比如,在会议中说服大部分人接受自己的意见,或在提案时得到原本对此毫无兴趣的客户的订单,他们简直就是商务人士的楷模。不过,他们到底是如何做到这些的呢?

也许是因为他们具有较强的沟通能力,当然也可能因为他们人品好。然而最关键的是他们有说服对方的方法。一般来说,善于维系顾客的人都很**懂得察言观色**,他们往往**在观察力和注意力上表现得都非常优秀**,能够解读对方的心理或掌握现场的氛围。

他们中的大多数人具有很强的沟通能力,能迅速察言观色并根据不同情况改变话术或话题。他们善于区分并使用两种模式的话术,因此能够牢牢抓住对方的兴趣点。

根据不同的情况区分使用不同的话术

所谓两种模式的话术是指**渐进法和突降法**⊖。前者是先进行解

⊖ 渐进法和突降法:(climax&Anti-climax)这是组织语言的两种方式,不同之处在于将结论置于开头还是结尾。作为一种营销技巧广为人知。

在职场中解读心理 第 5 章

释然后再陈述结论，而后者恰恰与之相反，是先说出结论之后再予以解释。

一般来说，如果对方说话时使用的是渐进法，那么听的人也会喜欢用渐进法与之交谈。而如果对方用的是突降法，则听的人也会同样用突降法予以回应。

这两种话术在不同的情况下所达到的效果也各不相同。**如果对方对自己的话非常感兴趣就使用渐进法；而如果是没有做好准备向对方提问或对方完全不感兴趣的情况下，使用突降法的效果会更好。**

渐进法和突降法

对于渐进法和突降法到底哪个效果更好的问题，还要具体看谈话对方的状态或者整体的氛围。要在充分理解两者区别的基础上进行区分运用。

渐进法

说话的方式	先进行解释说明，然后再陈述结论。
适合的对象	讲究开场白或特别在意形式的人、执拗的人
有效的场景	面谈或面试这类对方对自己的话很感兴趣的场合

突降法

说话的方式	先说出结论，之后再对结论进行解释说明
适合的对象	遵循逻辑性和效率性去思考的人
有效的场景	没做好向对方提问的准备时或对方对谈话内容毫无兴趣时

痛骂下属失误的上司

把强烈的自卑情绪转嫁给下属

为寻求精神稳定的一种自我防御

有些上司即使下属犯了一点点错误也要粗暴地将其痛骂一顿。虽说当人得到某种权力时就会想去行使这种权力,不过很多时候,**痛骂下属其实是由于上司自己内心充满了自卑感。**

上司由于本身缺乏自信,或者也承受着来自自己上司的责难等,便将自己身上的缺点或情绪一股脑地强加给自己下属,好像这些都是下属的缺点。这种心理现象在心理学中被称为**投射**㊀。**攻击下属或责骂下属的行为是为了寻求精神上的稳定**,虽然这算是一种自我防御的心理,但却会给周围人带来困扰。

从生气的方式了解心理

人在生气的时候会表现出真实的心理活动。有些上司会特意走到下属的座位旁居高临下地冲着下属发火,这样的上司非常重视上下级关系,他们认为自己的地位高于对方(下属)是理所应当的。而有些上司会将下属叫过来,让其站着接受自己的怒气,这样的上司则坚信自己的地位是不可动摇的。

如果上司会将下属叫到自己的办公室来,在没有旁人的情况下对其发火,而此时他与下属视线持平,那么就说明他是把下属与自己平等看待的,批评也是出于替下属考虑。所以这是位理想的上司。以后你在被上司批评的时候,也可以借机冷静地观察一下。

㊀ **投射**:将自己身上不令人满意的情趣或冲动等归因于他人。比如,明明是自己不喜欢,却以为是对方不喜欢自己。

通过上司生气的方式了解其心理

也许大家都有过因为工作失误而被上司训斥的经历,或是见过同事被上司责骂的场景。被上司批评时,态度端正并改正错误当然是非常重要的,不过上司发火的时候也是一个了解他性格的大好机会。生气的方式能够表现出人细微的心理状态。

1 特意来到下属的座位旁 居高临下地发火

非常重视上下级关系,认为自己的地位高于对方(下属)是理所应当的,蔑视对方。

↓

只想着自己。如果下属在工作上出现了失误,很有可能不会维护自己的下属。

2 将下属叫过来让其站着 接受自己怒气

坐着从下方仰视着下属发火,表明这位上司确信自己的地位是不可动摇的。

↓

把下属当成自己的棋子,当情况发生变化时,也会弃子。

3 将下属叫到自己的办公室 单独对其发火

发火时特意选择没有旁人的场所,并与下属保持同一视角,这表示这位上司把下属与自己同等看待。

↓

是出于为下属着想而对其进行批评,说明这是一位理想的上司。

不断表扬就会进步

使人产生动力的自我实现预言与皮格马利翁效应（期望效应）

对自己产生期待

如果上司**不断地有意表扬**下属——"你昨天的演讲准备得很充分，特别好！""你很会维系客户嘛"——那么**下属的业绩就会不断提升**。实际上，即使达不到表扬的程度也能够获得同样的效果。这是对人的心理给予了恰到好处的刺激所带来的效果。

人们都喜欢被赞扬，即使知道是恭维也会心情大好。如果不断受到表扬，就会认为自己可能真的比自己想的要优秀。于是，自尊心得到激发，对自己更有信心了，事情便真的会朝着那个方向发展。这种现象在心理学上被称为**自我实现预言** ⊖ 。

实际上，这种变化是由于自己在有意或无意中为了能够实现自己所期望的结果而采取了相应的行动。这也是为什么经常被人夸赞"漂亮""有魅力"就真的会变美的原因。

希望对上司的期望给予回应的心理

下属的其他一些心理现象也可以用到下面这个例子。

得到上司的称赞后，下属会觉得别人对自己有所期望，就会想办法回应这种期望，比以前更卖力地工作，于是从结果上来看，他的工作业绩果真有了提升。

⊖ **自我实现预言**：由于个人会有意无意地朝着自我预言或期望的方向努力，最终会达成与预言或期望相同的结果的现象。

当下属获得上司的信任和期望后，也会做出实际行动去回应上司的期望。这种现象被称为**皮格马利翁效应**。

自我实现预言与皮格马利翁效应都是通过表扬来恰到好处地刺激对方的心理以**唤起其积极性的现象**。表扬的事情再小都可以，关键是要通过仔细观察找出对方身上的优点进行表扬。

需要注意的是，表扬不要过度，那种做作的赞扬反而会让对方产生不信任感。所以在表扬的方式和时机上都需要恰到好处。

但也有一些人**在受到批评以后反而会有更加出色的表现**。因为被上司批评后，他们会产生一种希望得到上司认可的心理，于是便更加努力地工作。

对于下属到底是该表扬还是批评，这要视对方的类型而定。但不管怎样，只有在恰到好处地刺激到对方心理时才会产生效果。

心理学小知识："皮格马利翁"出自希腊神话

皮格马利翁效应中的"皮格马利翁"是希腊神话中的塞浦路斯国王。关于他，有着这样一段故事：

这位国王不喜欢凡世女子。于是某一日，他让人雕刻了一尊自己理想中的女性塑像。望着这尊美丽的少女像，他竟不知不觉中坠入了情网，于是祈求神让雕像变成人。

国王日夜陪伴在少女雕像旁，一刻不离，自己却因疲惫而渐渐衰弱。奥林匹斯12神之一的爱神维纳斯被他的痴情所打动，赋予了少女雕像生命，实现了国王的愿望。后来国王与少女结为夫妻，并生下了一个女儿。

受到特别对待就会得意忘形

满足自我表现欲，获得快感

与潜在的心理状态有很大关系

职场中有些人一旦受到上司或同事的**特别对待就会得意忘形**。因为他们能从这种特殊的待遇中获得极大的满足，体会到快感和幸福感，从而表现出一种兴奋的状态。

这种现象与人的潜在心理有着很大的关系。**对于特殊待遇，人们都会觉得很有吸引力**。因为被关注、被特别对待能够极大地满足人的**自我表现欲**，从而带来快感和幸福感。

很多容易得意忘形的人会因为"没有得到认可"而感到不满，或总希望得到更多的认可。他们从特殊待遇中获得的快感和幸福感要比一般人强烈得多。因此，就算他们表现出来的兴奋程度在周围人看来"简直忘乎所以"也是正常的。

有时也能完成超出能力范围的工作

在这种兴奋的状态下，往往人的能力和身体状态都会有所提升。这就是为什么"给猪戴高帽，猪也能上树"的原因——**即使是能力不及的人，如果兴奋起来，也能完成超出其能力范围的事**。很多朋友肯定都有过类似的经历吧。

在受到上司或同事的关注后工作效率提升的现象在心理学中被称

在职场中解读心理 第5章

为**霍桑效应**㊀。"霍桑"是美国西部电气公司坐落在芝加哥的一间工厂的名称。在这间工厂里进行了一项实验,该实验主要研究工厂的照明环境与生产效率之间的关系。

不过,如果因为受到了特殊对待而过分得意忘形的话,就会让旁人感到反感,从而影响到对自己的评价。而如果这种特殊待遇成了一种负担,则有可能会让人失去动力。所以,不管是特殊待遇,还是得意忘形,都要适可而止。

㊀ **霍桑效应**:当人们意识到自己被特殊对待或得到特别的东西时,自我表现欲得到满足,会产生快感和幸福感,并且自身的能力和身体状态也会因此得到提升的现象。

从"特殊待遇"到取得成果

受到特别对待就会得意忘形的现象与潜在的心理有很大关系。下面让我们来看看人在这种状态下是如何取得成果的。

希望得到特殊待遇、渴望被关注
(人的潜在愿望)

被特别对待
(得到周围人的关注)

自我表现欲得到满足
(获得满足感,情绪兴奋,开始"得意"起来。特殊待遇及被关注的程度越高,满足感就越强烈)

获得快感、幸福感
(潜在的愿望得到满足,情绪更加兴奋)

能力或体力提升
(有时也会完全颠覆自己原有的状态)

最终取得成果
(各种工作顺利展开,最终取得成果)

紧急情况下也能应对自如

挫折耐受力使人能遇事冷静判断、应对

具有很强的紧张耐受力

当遇到由于自己的错误导致商品漏发或货不对板的情况时，无论是谁都可能会方寸大乱，无法做出冷静的判断。然而，这世上有一种人，他们**不管遇到多么严重的问题都能处变不惊，冷静地应对自如**。如果职场中有这样一个人存在，那实在是让人安心。

一般来说，这种遇到严重的问题也能冷静应对的能力被称为**挫折耐受力**⊖。具有这种能力的人都是**忍耐力极强的**。一般人在面对困难的时候会产生挫折感（欲求不满），而为了排解这种紧张，他们容易变得更有攻击性，或是采取逃避等行为。而挫折耐受力强的人**对这种紧张的忍耐力很强**，能够忍耐到情况变好为止。而且，在这个过程中，他们还有余力去思考一些缓解困难的替代方案。

同时，这类人**不会固执己见，当情况不适合的时候就果断放弃，具有极快的切换速度**。遇到困难能冷静应对即是这种快速切换能力的证明。

善于转换心情，消除紧张

同时，可以说他们还很**善于转换心情**。因为不管忍耐力有多

⊖ **挫折耐受力**：又称挫折容忍力。指即使受挫也不会采取不当的行为，而是忍耐和克服困难的能力。

强，当感受到挫折的时候，不论是谁都需要排解紧张情绪。而这类人所具备的快速切换能力可以让他们迅速从工作模式切换到休息模式，去看个电影、听一场音乐会，他们当中的很多人都有着非常充实的个人生活。

总之，这种类型的人即使遇到突发意外也不会慌乱，能够做出冷静的判断，在艰难的状况下也不会乱发脾气或埋怨他人。因此在职场中，他们大都颇具威望，是核心般的存在。

受挫时的几种反应方式

人在面对挫折时，为了排解紧张情绪会做出各种各样的反应行为。这些行为可分为5大类。

1 攻击性反应（埋怨"体制不好"等攻击周遭的行为）

埋怨他人或出言不逊等，采取攻击性或破坏性的行为。

2 退行反应（自己的意见没被采纳就任性闹别扭）

"退回到儿童状态"，做出撒娇等幼稚的行为。

3 逃避反应（避免遇到受挫的情况）

为了逃避因受挫而引起的紧张状态，躲入白日梦或幻想世界中，以逃避现实。沉迷游戏就是个典型的例子。

4 压抑反应（过度抑制挫折感）

抑制挫折感使自己意识不到它的存在。

5 固着反应（不由自主地重复某种无效的行为）

咬指甲、抖腿、挠头等。

独占功劳的上司

崇尚权威，只关心如何自保

崇尚权威的中层管理者

我们有时会碰到这样的上司——在会议上让大家各抒己见，可一旦真有人提出了建议，他却又不当回事，甚至诋毁。虽然有可能确实是建议的内容本身不够好，但这种现象也很大程度上反映了上司复杂的心理。

这样的上司，很多都是**崇尚权威**的人。所谓的"上司"，绝大多数都处于**中层管理职位**，也就是说他们也有自己的上司。对于崇尚权威的上司来说，在有比自己地位更高的上司出席的会议上会不遗余力地表现自己。

这样的上司并非喜欢有能力的下属，而是青睐**没有能力的部下**。这之中就隐藏着他的**自卑**，因为**在面对有能力的下属时，他会感到自卑和不安，感觉总有一天自己的位置会被取代**。

另外，当下属的方案被采纳并做出不俗的成绩时，这类上司还可能会独占功劳。因为**他们最关心的是自保，和下属相比，自己的利益是最优先考虑的**。

将工作与生活同等对待的上司

也有些上司工作起来干脆利落，能与下属坦率地交往，并积极倾听下属的方案或建议，当下属的方案取得成功后会褒奖下属的功绩。这样的上司对于自己的穿着也很讲究，并且和对待工作一样，他们也会在个人兴趣爱好上投入很多精力，拥有充实而丰富的个人生活。

乍看上去会觉得这样的上司才是好领导吧？但实际上，这类

在职场中解读心理 第5章

上司如果**自己的工作已经完成了，即使看到下属还在加班，他们也会毫不犹豫地拂袖而去**。而一旦情况发生变化，他们也会立刻与下属**划清界限**。所以，这也并不是一个值得期待的上司。

对于一种职业所寄予的期待称为**角色期待**㊀，而顺应这种期待的行为则称为**角色行为**㊁。在下属看来，可以说上述两种类型的上司都不满足角色期待和角色行为。

㊀ **角色期待**：在相互关系中对于某种角色应表现出某种被认同的行为的期待。比如，上司、教师、丈夫或妻子的角色等，接近"称职"所表达的意思。

㊁ **角色行为**：顺应角色期待所表现出的行为。当双方各自做出被期待的角色应表现出的行为并相互认同时，双方之间的关系会保持稳定。

基于领导行为PM理论的领导类型

根据上司需要具有的领导力，日本的社会心理学家三隅二不二就此提出了领导行为PM理论。

什么是PM理论

从"P职能（Performance function：目标达成机能）"和"M职能（Maintenance function：维持强化团体的机能）"两方面来衡量领导力的理论。通过P和M的不同组合可以分为四种类型。一般来说，当公司面临困境、需要强化团队沟通时，P型领导更加胜任；而在工作开展顺利的情况下则更需要M型领导。

【P职能】
通过命令、指挥或鼓励等提高成员的工作效率，从而完成工作目标的能力。

【M职能】
能够理解并站在成员的立场上，提高工作满意度等，具有维系并强化团队合作的能力。

pM型（乐天派）
重视人际关系和个人生活。关心下属，但也会对工作放任不管。

PM型（勤奋派）
对于工作和人际关系同等重视。追求工作效率，同时也注重维持团队合作，是理想的领导类型。

pm型（敷衍派）
更重视个人生活。而对于工作则没有要求，对下属也不够关心。

Pm型（猛烈派）
重视工作。虽然对工作要求严格，但不善于维系团队。

注：字母大写表示该方面较强，而小写则表示较弱。

爱偷懒
对工作没兴趣，社会性懈怠

做不喜欢的事情时感觉时间过得慢

在你的职场中，是不是有些人总爱偷懒呢？这之中有些是原本就很懒惰没干劲的人，不过也有一些原本对工作积极性很高的人有时也会偷懒。

人们**在做自己喜欢、稍有难度的事情，或从事参与度较高的事情时，会感觉时间过得很快**。反之，如果在同样长的时间里做一些没意思、不喜欢的事，或是从事跟自己没什么关系的事情时，就会感觉时间过得特别慢。因此，人们对于这样的工作会产生一种不积极、想逃避的心理，于是便会感觉更加厌烦。

所以，**平时工作积极却偷懒的人，很多是由于对这项工作没有兴趣或觉得无聊了。**

团队合作中容易出现偷工减料

在团队协作中，有时人会不由自主地出现偷懒的行为。

当项目团队会议中只有二三名成员参加的时候，大多数人都会积极地参与意见。由于会议出席人数少，每一个人都会感到自己肩负着很大的责任，并因自己能参与到项目中而获得充实感与满足感。因此会更积极地做出自己的贡献。

但是，若参与的人数增加，那么在会议上一言不发的成员就会变多。这一方面是因为他们不愿意惹人注意，同时无意中还会产生**"我不做总会有人去做"**的心理。再加上人都有想避免麻烦

在职场中解读心理 第5章

的想法，于是不知不觉中就会在工作上偷懒。这种现象在心理学上被称为**林戈尔曼效应**[一]或**社会惰性**。

虽然很难防止团队中的这种偷懒现象，但即使只是让成员意识到整个团队的力量是"自己的贡献×人数"，而不是自己的贡献只占"几分之一"，就能够收到一定的效果。

[一] **林戈尔曼效应**：又称为社会惰性或社会性懈怠。在进行团队合作时，每个成员的贡献率会随着参与人数的增加而减少的现象。

[二] **同调行为**：与周围人做出一致性的行为。集体中，人们的行为容易受到大多数人的行为和意见的影响，不知不觉中就做出了和他人一致的行为。

什么是林戈尔曼效应

林戈尔曼效应(社会性懈怠)都有哪些具体的表现呢？我们就以公司会议为例，来介绍一下它的表现。

第一阶段 **1**

赞同大家的意见

大多数人在发言之前会倾向于赞同大家的意见。如果自己的想法与大家不同就会怀疑"是不是自己错了"而感到不安，于是默不作声。这被称为同调行为[二]（与周围人保持一致的行动。在群体中，人们容易被大多数人的行为或意见所左右，于是在不知不觉中就会趋同于整个群体。），表现出一种"不想做出不同于群体的行为"的深层心理。

第二阶段 **2**

自我存在意识薄弱

作为群体中几分之一的存在，对自己的存在感意识非常淡薄。产生一种"就算我一个人再怎么努力，也无法影响团队中的大部分人"的心理。

第三阶段 **3**

工作积极性下降

工作积极性越来越低。不知不觉中会认为"我一个人偷懒也不会有什么影响"。

| 结果 | 整个团队的积极性下降，成员们在无意中都开始偷懒。团队失去活力，无法达成预期的工作目标。 |

把"太忙了""没时间"挂嘴边

没有时间管理的能力,统筹能力差

想表现出"我很忙,所以我能干"

你身边有没有整天把**"我太忙了"**挂在嘴边的人呢?可如果你仔细观察就会发现,其实越是总说自己"忙"的人,越不会统筹安排工作,而是常常在浪费时间。**正因为他们没有能力在规定的时间内完成工作,才故意要做出很忙的样子来**。所以,这其实是那些工作慢的人的**借口**。

"没时间"这种口头禅也是一样的。"因为没有时间,所以没能完成工作"这句借口后面一定还会跟着一句消极的"没办法呀"。

这些都是为了告诉别人:**"忙碌的人就是能干的人"**。但实际上这却恰恰证明了他是不会管理时间、不善于统筹安排和不遵守时间的人。

真正能干的人从不会说"我很忙"或"我没时间"。他们有能力管理好自己的时间,能够做好统筹安排,所以大家都更愿意把工作交给这样的人去做。因此,能干的人会变得更忙碌。

所以最好还是改掉这种口头禅。与其说"我很忙",不如尽快着手工作。改"我没时间"为"我找时间"。这样的**能量词汇**⊖ 能够帮助我们改掉不好的口头禅。

⊖ **能量词汇**:将不好的口头禅改变为好的口头禅的词语。将负能量的词语变为正能量的词语。

"大忙人"与"能干的人"的区别

 "大忙人"就是整天嚷着"我很忙,我很忙!"的那些人。而"能干的人"不会说什么,却能做出卓越的成绩。二者之间到底有哪些不同呢?

大忙人	能干的人
总说"我很忙",希望别人觉得他"很努力"	认为总把"忙"挂在嘴边是一种没有能力的表现
临近最后期限才开始工作	很早就开始着手工作
无法同时推进两项以上的工作	能够同时进行多项工作
无法按预先安排的计划行事	根据日程按部就班地推进工作
临到最后期限才明白工作的目的和完成目标	在理解了工作目的和最终目标后才开始着手工作
工作完成效果不如预期	工作完成效果能够超出预期
经常被要求返工,因此工作积极性不高	经常受到表扬,工作积极性越来越高
不懂拒绝,手边会堆积很多不相干的工作	会负责任地完成那些只有自己能够胜任的工作,不会接受超出能力范围的工作
工作开始以后才考虑如何统筹安排。导致时间不充裕	首先充分考虑如何安排工作之后再开始工作
不会营造易于集中精神的环境,导致工作中注意力不集中	善于营造能够让人集中精神的环境
不会找人分担或与人商量,总认为亲力亲为会更快	工作中善于用人或共同商议,组织有力的工作团队
临近最后期限时经常熬夜工作导致许多失误出现	能够很好地管理时间,保证充足的睡眠,工作中很少会出现错误
几乎没有私人时间	个人生活很充实

开会时爱坐在门边
总担心"自己表现不佳怎么办"

时刻做好逃跑的准备

开会时,有些人**总喜欢坐在门边的座位**。也许有人会说,当遇到地震或火灾等紧急情况时,这样的位置能够快速脱身。其实大多情况是因为他们**对出席会议本身感到不安。**

这些人总是担心自己能否在会议中提出有效的建议或能否与其他参会成员搞好关系。他们才会有意无意地选择靠近出入口的位置,当发生突发情况时便于他们随时脱身。而在开会这种实际上无法真的逃跑的场合也要选择靠近出口座位的行为,就是为了缓解自己内心的不安。

斯汀泽三原则

此外,还可以通过会议出席者的行为和发言了解其心理活动。比如,①倾向于与曾在会议中有过争辩的成员相向而坐。②如果主持会议的领导能力较弱,那么与会者会想与对面座位的人低声交谈;如果是很有能力的领导坐镇的话,就会与邻座的同事交谈。③在会议中,当一个人发言结束后,下一个人的发言一般都是不同意见。这三种现象在心理学上被称为**"斯汀泽三原则"**㊀。这个心理学现象在实际开会中能派上大用场。

㊀ **斯汀泽三原则**:美国心理学家斯汀泽在对小团体互动研究的过程中发现的三原则。主要表现在开会时人们坐的位置、发言的先后顺序等内容时的心理状态。

通过行为和发言了解会议成员的心理

在开会或商谈时，我们可以通过成员的行为和发言来了解他们的心理。掌握其他成员的心理状态能增加自信，可以使自己更积极地发表意见。

斯汀泽三原则

原则

互为对手的双方（有过争辩等）倾向于相向而坐。

对策

如果与明显反对自己的人相向而坐，则很难表达意见。所以最好让熟人坐在自己对面，或事先想好应对对方的策略。

原则

当主持会议的领导能力较弱时，相对而坐的成员间会窃窃私语；如果是强势领导的话，私下交流则会出现在邻座成员之间。

对策

了解主持人的能力。

原则

当一个人发言结束后，下一个发言者一般都会提出与前者不同的意见。

对策

在被人提出反对意见之前，为了能够得到赞同，事先打好招呼。或者在出现反对意见时保持冷静。

在一对一交谈时的就座方式

坐在桌角两边	并排就座	面对面就座	斜对面分开就座
放松的	伙伴意识	说服或道歉时	避免交谈

一对一情况下最普遍的就坐方式　　适合共同工作时的就坐方式　　适合就严肃话题进行交谈时　　适合各自处理不同工作时

善于表现自己
了解自己的人也能准确把握周围状况

见面三次就能形成对一个人的整体印象

初次相见后,人们需要花多长时间才能形成**对一个人的初步印象**呢?对此,有很多种解释。据说**在几秒钟之内人们就会对对方形成一个喜欢或厌恶的感觉**,然后在**几分钟内就会形成一个大体的第一印象**了。而这时形成的印象会对之后的交往产生很大影响。

在心理学中有一个**三次理论**㊀。根据这个理论,**人们对一个初次相识的人所形成的印象和评价会在最初的三次见面中固化下来,而之后的交往只会更加强化最初的印象。**

很多人觉得,"没关系,可以让别人慢慢去发现我的优点"。可是,一旦印象和评价固化,再想改变就很难了。所以初次见面时的第一印象就显得尤为重要。

善于自我表现的人也善于掌握周围情况

要想给别人留下一个好印象,**自我表现**是非常重要的。一般来说,善于表现自己的人都是很有自信的,也可以说他们是非常了解自己的。不仅仅是在能力方面,只有对自己的优点、缺点等所有方面都了如指掌,才能很好地向别人展示自己。

善于表现自己的人也能很好地把握别人的心理状态和周围的

㊀ 三次理论:认为人们对一个初次相识的人所形成的印象和评价会在最初的三次见面中固化下来。而在之后的交往中,只会更加强化最初的印象。

气氛等。如果无视周围的情况强行自我表现的话,恐怕会让人觉得这个人真是个"傲慢的家伙""太没礼貌",给人留下不好的印象。

而人们也知道什么样的行为会给人留下好印象。比如,对于上司或客户提出的问题能够迅速给出明确的回答。如果迟迟答不上来或含糊其辞说不到重点,就会给对方留下"不聪明""没自信"或"优柔寡断"的负面印象。

如果你是一个不善于自我表现的人,那么可以多观察一下身边那些善于自我表现的人,试着去模仿他们的做法。毕竟学习都是从模仿开始的。

三次理论

既然最初的三次见面将决定对一个人的印象,那我们就把这个理论运用到实践中去吧。

粗略的第一印象

形成一个初步的印象:"也许他是一个这样的人?"

印证第一印象

对最初的印象是否正确进行再次印证。

对印象进行确认

确认后对对方形成固定印象。

强化印象

进一步强化第一印象。这时印象已很难再改变。

建议

如果最初的三次见面没能给对方留下好印象,那么最好不要勉强与其拉近关系。建议与对方保持一定的距离。

比起业绩，更关心地位或权威

与进取心相反，是一种自卑的表现

不为人知的自卑感

相对于工作成绩，有些人对地位和权威更感兴趣。你工作的地方有没有这样的人呢？人们一般认为，那些对地位或权威有兴趣的都是些**很有上进心的人**。当然，这么说也不无道理，不过，在他们的内心深处大都存在着一种**不为人知的自卑感**。

工作成绩是能力的表现，而地位和权威则代表了一个人的身份和立场。如果一个人对地位和权威更有兴趣，那一定是因为周围有人认为他能力不足。于是，**为了满足自己的上进心便转而去追求地位和权威**。

一般来说，人们会认为自卑感强的人会给自己设定一个比较低的理想或目标。但实际上，很多时候恰恰相反，**正因为给自己设定了过高的目标或理想，无法达到时便会自我嫌弃**。其实，此类型的人大多数还是具有一定工作能力的。

渴望控制下属

如果上司是这种对地位和权威更感兴趣、上进心很强的人，那么他的下属会有什么样的感觉呢？

此类型的上司一般会**优先考虑自身发展**，希望在工作上能做出成绩。因此，他们会通过对下属进行集中且有力的领导来推进工作，倾向于要求下属的行动完全服从自己的管理。

这种想要将别人置于自己的管理之下的现象在心理学上被称为**控制需求**㊀。这是一种任何人都具有的社会性需求。而那些优先考虑自我发展的人则有着更强的控制需求。

一方面，他们在工作上能放手让下属施展；另一方面，他们面对能力强的下属又会暗自感到自卑，而当下属取得了出色的成绩时，他们又会因此感到不快，有时甚至会将下属的功劳据为己有。

㊀ **控制需求**：通过命令来控制他人的需求。相反的，希望在他人或群体的指导下得到稳定环境的需求被称为从属需求。

什么是社会性需求？

人是因为有需求才会采取行动的。而需求与人的深层心理直接相关，所以观察人的行为就可以推测其心理。

控制需求

希望影响他人的行为

行动举例 ● 渴望展现领导力

从属需求

希望依照命令行事

行动举例 ● 拜尊敬的人为师

表现需求

希望给他人留下印象

行动举例 ● 穿戴名牌服饰

达成需求

希望完成某事

行动举例 ● 专心致力于高难度的工作

亲和需求

希望和他人保持亲密关系

行动举例 ● 参加兴趣小组

认可需求

希望得到他人的认可

行动举例 ● 渴望被恋人爱

讲究外表的商人
给客户留下好印象就能得到工作机会

销售员推荐的商品，到底怎么选？

我们从小就听大人们说，"不要以貌取人"。然而，正如**"梅拉宾法则[一]"** 中提到的，实际上，**在判断一个人的时候，外表（视觉信息）是一个重要因素**。我们对一个人的印象很大程度上取决于他的外表。

假如有两家互为竞争对手公司的销售人员到你的公司来提案。其中一人身着熨烫平整的套装，而另一个人穿着皱皱巴巴的西服，整个人看上去不是很整洁。那么，你会对哪个人有好感呢？肯定是前者吧。

仅仅是身着整洁的套装就能给人带来的好感，更不可思议的是连他的提案内容也会让人觉得更胜一筹。而另一个衣服皱皱巴巴的人呢？尽管还没有仔细看他的提案，是不是就已经感觉那也不会有什么特别精彩的内容了吧。也就是说，**负责人在看到提案内容之前，在某种程度上已经有了结论**。

现在我们就能明白，对于那些需要接触很多客户的商人们来说，外表是何等的重要了。

地位和头衔也会影响判断

我们判断一个人的标准除了外表，还有**地位**、**头衔**等。比如

[一] **梅拉宾法则**：是由美国心理学家梅拉宾提出的。在出现与情感或态度相矛盾的信息时，人们会优先接受视觉信息。

说，当遇到从事律师、医生或教师等工作的人时，我们仅从职业就会断定他们一定是品德高尚的人；如果看到对方名片上有"部长"或"处长"的头衔（职位高于自己），态度马上就会毕恭毕敬起来。

而实际中也有一些不道德的律师、虐待儿童的教师，即使挂着董事的头衔也可能仅仅是因为他是社长的儿子。在心理学中，**这种利用头衔或身份给人的印象来夸大自己的实际能力，或借以获取他人信任的现象，被称为光环效应，或晕轮效应**。

顺便说一下，从广义上来讲，地位或头衔其实也是外表的一部分。

什么是光环效应？

"光环"是指"打背光"时映出的"光环"。光环效应分为给人正面认知的正面光环效应和给人负面认知的负面光环效应。

正面光环效应

- 总是热情地跟周围人打招呼的员工会被评价为"工作态度认真"
- 仅仅他是从名牌大学毕业就能给人优秀的印象。

负面光环效应

- 业绩不佳的员工会被评价为"总是游手好闲"
- 只因为他是高中学历，即使非常能干也得不到很高的评价。

善于奉承
获得对方好感的一种交流方式

如何熟练掌握奉承之术

虽说**奉承话**是用来取悦他人的赞美之词，不过谁不喜欢被夸奖呢。在职场中，为了得到上司或客户的青睐，大家都在说奉承话。

为了构建良好的人际关系，熟练掌握奉承之术可以称得上是一个上策，就算背地里会被人说成"爱拍马屁"也没关系。

"拍马屁"给人的印象并不好，它是心理学中**迎合行为**的一种。所谓迎合行为是指，为了获得某人的好感而采取的言行，也可称之为**"讨好"**⊖，这其实也是一种非常有效的社交方式。

那么如何才能做到有效地奉承（取悦）呢？首先，**用恭维话来奉承对方**是最常用的方法。但如果"马屁拍到了马腿上"，就会适得其反。其次，还可以**通过贬低自己来抬高对方。赞同对方的意见——"您说的对"**——也能给人好印象。再有，多关注对方的行为，在不过分打扰的程度上**尽量表示亲切，可以使对方感到"我是最特别的"**。

稍稍抬高对方的"Tee-up"

还有一种与奉承类似的技巧叫作 **Tee-up**：即，为了让对方

⊖ 讨好：为了获得某人好感的言行。如果将为了获得他人好感的自我表现看作是"吹牛"的话，那么此时的吹牛也可以说是一种"讨好"。

在职场中解读心理 第5章

高兴而吹捧。"Tee"就是击打高尔夫球前将球稍稍垫高的长钉。而吹捧就是像放置高尔夫球那样,稍稍抬高(Tee-up)对方的方式。这可以说是商人们必备的一种技能了。

在吹捧的时候一定要**针对对方的优点**。比如,可以对上司说:"您今天的领带真不错!",或对客户负责人说:"您的部门总是活力满满呢!"。对方听到这样的话一定会很开心,对你的好感也会增加。所以,"Tee-up"需要平日里对对方的外表等情况有所关注才行。

奉承(取悦)的技巧

奉承也可以说是一种圆滑的沟通技巧。熟练掌握这种处世方式一定会对建立良好的人际关系有所帮助。

赞美

用恭维话来奉承对方。但如果"马屁拍到了马腿上"就会适得其反。

过分谦虚

通过贬低自己来奉承对方。

赞同

赞同对方的意见。但如果是不停地赞同,就会让人认为没有诚意。

亲切

关注对方的行为,尽量表示出亲切。以此让对方觉得"我是最特别的"。

不善交际的年轻人
对人感到强烈不安、缺乏非言语沟通方式

年轻人只关心自己

我经常听到有人抱怨说:"新来的同事不太会说话""没法正常沟通"等等。所谓**害怕与人交往、社交性焦虑**是指,在与他人交往过程中产生的一种不安情绪。特别是在与人交谈过程中,内心产生不安,担心"对方会不会看不起自己"或"会不会被对方讨厌",**非常在意别人对自己的评价。**

知名心理学家戴维·巴斯将这种与人交往时的不安分为**"害羞""听众焦虑""不知所措"**和**"羞耻"**四类。人们首先感到的是害羞和听众焦虑,之后才会产生不知所措和羞耻的情绪。

对日本人来说,虽然存在一定程度的个体差异,但几乎每个人内心或多或少都隐藏着一些对他人的恐惧和不安。特别是**年轻人只关心自己,所以也可以说是他们更容易去关注自身行为与周围的关系。**

非言语沟通很重要

所谓沟通,包括使用言语和不使用言语的两种方式。前者被称为**言语沟通**(verbal communication),后者被称为**非言语沟通**⊖(non-verbal communication)。

⊖ **非言语沟通**:心理学家梅拉宾进行的一项实验结果显示,人们对说话者的印象有 55% 来自视觉信息、38% 来自听觉信息、7% 来自语言信息。也就是说,非言语信息占了绝大部分。

在职场中解读心理 第5章

我们都是通过这两种沟通方式将自己的意思、情感及其他信息传达给他人的。言语沟通是通过具体的言辞来传达内容（言语信息），而**在表达与对方的亲疏远近及好感时，非言语沟通会更有效。**

非言语沟通具体包括表情、举止、态度、手势、音量及音色等。而这种非言语沟通能力也正是大多数年轻人所缺乏或不熟练的。他们同时也缺乏解读他人非言语沟通信息的能力。

当然，经验不足也是其中的一个原因，但这是否也是当代年轻人缺少对他人好奇心的一个反映呢？

非言语沟通的种类

心理学家纳普将非言语沟通分为以下七类。这些大多是在无意中进行的，更能够表达本人的真实内心。

身体动作
- 表情
- 姿态、手势
- 视线
- 姿势等

身体特征
- 容貌（体型或服饰）
- 体味
- 头发
- 肤色等

接触行为
- 是否触碰身体以及如何触碰（身体接触）等

类语言
- 声音的高低
- 声音的节奏
- 语速
- 声音的表情（哭/笑）等

行为过程
- 与他人之间的距离
- 落座行为等

利用物品
- 化妆
- 服装
- 饰品等

环境
- 温度
- 照明
- 室内装饰等

频繁跳槽
不停追求理想的"青鸟综合征"

工作的选择余地更多了

最近的一项调查发现,超过三成的毕业生会在就职3年内离职。也就是说,年轻人并不会等到裁员之类的情况出现时才被迫离职,他们更像是一群**"迷途的成年人"**,经常会产生"这里不是我想要的""我想去更好的地方工作"的想法,继而**非常轻易地更换工作**。

在几十年前,拥有家族事业的人会自然而然地继承家业,或是大学毕业后一旦进入某个企业工作就会一直在那里干到退休。

然而,到了泡沫经济时代,就业就变成了卖方市场,男女雇用机会均等法颁布实施以后,原则上女性也拥有了和男性同等的工作机会。也就是说,**工作的选择余地更多了**。

不断寻求"更好的工作"

选择余地大了,想要的就会更多。就算是好不容易获得了某样东西,也会认为"一定还会有更好的",于是马上开始去寻找下一个——这种不清楚自己到底想要"什么"的现象在心理学上被称为**"青鸟综合征㊀"**。

很多自幼在父母的娇生惯养下长大并且学习成绩很好的人、

㊀ **青鸟综合征**:得名于比利时诗人梅特林克的童话剧《青鸟》。剧中的主人公蒂蒂尔和米蒂尔为了去寻找能带来幸福的青鸟,踏上了一趟千辛万苦的旅程。

或不管做什么都有父母在一旁监督的人会陷入青鸟综合征的困扰中。他们大都成绩很好，自尊心很强，但因为没接受过社会适应性训练，一旦遇到不如意的事就无法忍受。

即使是一份自己选择的工作，一旦开始做就只会看到越来越多的不满之处，最后只觉得这是个无聊的工作。这种心理现象被称为**"幸福的悖论"**。

但到了所谓的平成大萧条时期，青年失业者开始增加。此时，情况变得不同于以往，工作机会再次减少了。

反映出时代特征的各种综合征

每一个时代都会出现各种各样的综合征。下面我就来介绍一些能够反应时代背景的几种综合征。

青鸟综合征

年轻人认为"现在的自己并不是真正的自己"，倾向于不停地更换工作。

彼得潘综合征（➡P58）

处于一种不愿自立于社会、不想长大的孩子的状态，是一种不能适应社会的表现，多见于青春期后的男性。

冷漠综合征

对工作或学习等不得不完成的本职工作缺乏目标，漠不关心，毫无干劲。

倦怠综合征

症状类似五月病，也常见于5月以外的其他时间。达成目标之后便丧失积极性，没有干劲。

压力导致的"上班恐惧症"

越是认真努力的人越容易患上的心病

上班时步伐沉重

如果有同事最近总爱迟到,还经常无故缺勤的话,那么他有可能是患上了**上班恐惧症**㊀。这属于抑郁症的一种,相当于**"成年人的逃学"**。

这种恐惧症在精神上会出现抑郁的症状,觉得自己一无是处,失去干劲等。而在身体上,症状轻微时会表现出早上起床后大脑一片空白,不想去上班,或是上班路上步履沉重等;症状严重时,一想到上班就会感到强烈的恶心或紧张,甚至快到公司时还会出现呼吸困难或头痛的现象。这也会对日常生活带来严重的影响。

另外,也有些人是**一到星期一就特别不愿意去上班**。这也被称为**周一病**,他们一想到"又要开始新的一轮5天工作"就心情抑郁,表现出不愿上班的症状。

源自职场压力

现在患**抑郁症**的患者人数猛增。在日本,每五个人里就有一个人患病,像所谓的**"心理感冒"**一样普遍。

不管是上班恐惧症还是抑郁症,都**与组织合理化、能力至上(以结果论英雄)以及人际关系等带来的职场压力有很大关系**。

㊀ **上班恐惧症**:越接近公司就越紧张,出现上班途中由于腹痛不得不中途下车等表现。

容易患这种心病的大都是那些**认真努力的人**。也正因为如此，他们在被委以重任时，会感到莫大的压力，变得非常焦虑，如果失败则很难再振作起来。

这些人碍于同事或上司的看法，即使注意到自己不对劲，也不会去休息。他们的这种痛苦是旁人很难察觉到的。所以，周围的人不要想当然地认为他们在偷懒，甚至不分青红皂白地对他们进行批评指责。同时也要避免说一些会让他们更加焦虑的鼓励之词。

如果你怀疑自己有可能换上了上班恐惧症或抑郁症，建议你去心理科就诊或寻求专业咨询。

"上班恐惧症"自查表

了解易患上班恐惧症的主要表现，并对照下表看看自己符合几项。

- [ ] 工作认真努力
- [ ] 一丝不苟的完美主义者
- [ ] 工作就是生活的全部意义
- [ ] 即使工作超出了自身能力范围，也总是独自埋头苦干
- [ ] 对自己的能力有自信
- [ ] 非常在意同事或上司对自己的评价
- [ ] 认为再微不足道的批评也会影响对自己的评价

根据美国精神医学会发布的《精神障碍的分类与诊断标准》（DSM-IV）改编。

突然感觉浑身无力
干劲十足的人易患的"身心耗竭综合征"

越是认真负责的人风险越大

一个平时工作麻利的人突然感觉浑身无力，好像燃料耗尽了一般，陷入一种对任何事都提不起兴趣的状态——这就是**"身心耗竭综合征㊀"**。

这个概念是由美国心理学家弗罗伊登贝格尔于1980年提出的，指的是一直以工作为重、奋力打拼的人突然**能量耗尽，陷入身心俱疲的状态**。

这种状态经常出现在终于做成一个大项目或工作多年之后终于迎来退休这种**告一段落**的时候。由于一直忘我地投身其中并为之努力的事业没能获得充分的肯定，或是没有取得想象中的好结果，加之由此产生的不满、无奈或羞愧之情，便使人感到身心俱疲。而越是**工作认真、责任感强、容易全身心地倾注于工作中的人或是完美主义者**，就越容易陷入这种状态。

初期表现为无力感、失眠、体力下降等，随着病情的发展，还会出现头痛、胃痛等身体上的症状。如果进一步恶化，也有可能会发展为抑郁症，不愿再去上班。

任何人都有可能

任何人都可能会患上身心耗竭综合征，特别是很多医生、护

㊀ **身心耗竭综合征**：当一个人达成了自己人生最大的目标后，没有下一个可以倾注精力的事情时就会陷入这样的状态。据报道，美国网球运动员詹妮弗·卡普里亚蒂、日本足球运动员斗莉王等便是这种情况。

在职场中解读心理 第 5 章

士等医疗或社会服务行业的从业者常会出现上述症状。当自己尽心尽力治疗或护理的对象最终仍然因医治无效而去世后，很多人就会陷入这种状态中。

此外，一些把育儿当成生活的全部意义的家庭主妇面对孩子长大成人时，或寒窗苦读的学生完成了高考后，抑或为了参加奥运会而多年苦练的运动员终于拿到了奥运奖牌之时……都会出现类似的症状。在巴塞罗那奥运会（1992年）的女子马拉松项目中获得银牌的日本选手有森裕子就是深受身心耗竭综合征之苦的人之一。

身心耗竭综合征的症状

不要认为身心耗竭综合征跟自己没有关系，任何人都有可能患上这种病症。专心于工作的公司职员、运动员、医疗或社会服务行业从业者等人群都容易陷入这种状态。

身体上的征兆

- 肩膀酸痛
- 胃痛
- 经常失眠
- 反复头痛
- 经常感觉疲劳

内心的征兆

- 以前觉得开心的事不再开心了
- 经常感到不安
- 精神难以集中
- 变得悲观
- 没有希望
- 时常感到不满足
- 易怒

行为上的征兆

- 食欲不振
- 工作不出成绩
- 独自进餐的时候越来越多

超实用！"他人心理" 6

说服别人的技巧

所谓「说服」是指，通过传达带有目的性的信息来改变对方的意见、信念或态度。说服对方有很多种方式。根据对象或内容的不同选择相应的方法能够收到更好的效果。在会议、洽谈乃至与心仪的异性交往中都可以加以运用。

技巧 1

① 登门槛（得寸进尺法）

先提出一个简单的要求。如果对方同意了第一个要求，也就很难拒绝下一个较困难的要求。

→ 对方会认为"既然之前那个都答应了，这个类似的也没关系"，于是很难拒绝。

例　先提出一个较小金额的借款请求，对方如若答应了，那下一次就借更多的钱。

技巧 2

② 让步性（以退为进法）

先提出一个有可能会被拒绝的要求，当对方拒绝后，再换一个较简单的要求。

→ 当拒绝了一个较大的请求后，人们内心多少会有些内疚感，于是当对方换了一个简单的要求时，会认为"对方做出了让步"，便很容易接受。

例　在协商工作报酬的时候，先提出一个大额要求，被拒绝之后再提出一个较小的金额。

在职场中解读心理　第 5 章

技巧 3

3 虚报低价（要求对方先做出承诺）

先给出优厚的条件，以获得对方的同意。但这个优厚的条件只是幌子，当对方同意后，条件就会发生变化。

→ 一旦作出承诺，就会对承诺之事产生义务感，即使条件发生变化也很难再拒绝。

例 借钱时承诺一个很高的利息，当借到钱以后便提出降低利率（或不加利息）。

技巧 4

4 片面提示（只介绍一个方面）

对自己的观点只介绍对方会赞成的部分。

例 介绍自己的商品时，只说优点。

技巧 5

5 两面提示（好坏两个方面都介绍）

对优点和缺点两个方面都进行说明。

例 介绍自己的商品时，既说优点也说不足之处。

超实用！"他人心理"7

激发下属干劲的方法

你有没有提不起干劲的下属或同事？如果你想设法激发他们的积极性，振奋整个职场的士气，一定要试一下Public commitment（公开承诺）的方法。

方法1　制造完成目标的动力

如果给对方设定一个合适的目标，那么他完成起来就会很有干劲。这个目标也许会失败，但如果成功了他会感到非常高兴。也就是说，要去激发对方的挑战精神。

方法2　公开承诺

如果在众人面前公开宣布了自己的目标，就一定会为实现目标而努力。项目启动会(宣布项目启动的会议)就是其中的一种。

方法3　制造外部动机（萝卜与大棒）

所谓制造外部动机，就是通过批评或表扬的方式激发对方的干劲。受到上司赞扬之后，下属会更加努力地工作。或者用暗示对方某种回报的方式——"如果做到了，就让你来领导整个团队"。而批评的时候也要巧妙一些，比如加上一句"我很看好你，认为你可以做得更好。"

第 6 章

恋爱中的心理

如何选择结婚对象，男女有不同

女性看社会地位和数字，男性看外表和性格

寻求符合条件的理想对象

女性之间经常会谈及有关**"择偶条件"**的话题。在泡沫经济时代，女性对理想的结婚对象的条件可以用**"三高⊖"**来概括。也就是高收入、高学历、高身材。这些标准都是可以用数字来量化的。但到了后泡沫经济时代，这个标准就变成了"三低"，即，低姿态、低束缚、低风险。那么如今又是什么样的标准呢？随着社会的变迁，女性的择偶标准也在不断地变化。

不管是什么样的时代，女性在考虑婚姻的时候，都会**注重对方是否符合自己的择偶条件**。如果对方符合条件，多数女性才会考虑结婚。因为她们明白，**在漫长的婚姻生活中，生活能力和沟通能力是必不可少的。**

女性较看重男性的社会地位

女性为了寻求一个稳定的生活，特别需要对方具有一定的**经济实力**。所以，在职业上也会设置一定的条件，比如，"在大型企业工作"、"职业为医生"等等。也就是说，大多数女性会要求自己的交往对象或结婚对象具有一定的**社会地位**。"爱情与金钱无关""男

⊖ 三高：80年代日本泡沫经济全盛时期女性的择偶条件，也成为当时的流行语。泡沫经济破灭后，心理学家小仓千加子提出了"3C"概念，即，Comfortable（让人感到舒服→丰厚的收入）、Communicative（可以相互理解→门当户对或稍高）、Cooperative（可合作的→共同完成家务）。

人的价值不能用金钱来衡量"只是些冠冕堂皇的说法而已。

若一个人具有雄厚的经济实力，就意味着他**"能力强、智商高"**。女性也会考虑到如果能跟这样的人结婚，将来的孩子也能继承其优秀的 DNA。

男性更青睐年轻漂亮的女性

男性在择偶时更注重女性的外表。他们通常都会说**"喜欢年轻漂亮的女性"**。我们经常听说某个男演员与比自己年轻很多的女性结婚的消息，但大家都对此表示接受。

年轻意味着**有能力生育出健康的孩子**，而漂亮则给人以审美上的愉悦。

不过，现在有越来越多的男性**与年长于自己的女性结婚**。而在以前，男性一般要比自己的配偶年长 5-10 岁。因为，男性有着更加丰富的人生阅历和更强的经济实力，由这样的男性来主导更年轻的女性的模式在当时被认为是理所当然的。而女性也认为，自己从属于男性是很自然的事情。

然而，这种主导关系在一部分女性和男性身上发生了改变。**希望被主导的男性和希望掌握主导权的女性**越来越多了。

心理学小知识　征婚风潮的背景

就像大学生毕业后找工作的"求职"活动一样，大概是在2007年前后，适龄男女寻找结婚对象的"征婚"活动渐渐流行开来。在2008年的日本"流行语大赏"中，"征婚"一词也出现在提名名单中。随着征婚的流行，各种征婚服务也应运而生。于是，一个不征婚就很难结婚的时代到来了。

越来越多的人晚婚甚至不婚。造成单身者日渐增加的主要原因有"邂逅的机会少""经济上的原因（临时工越来越多、自身状况无法满足养育子女的条件等）""对配偶的条件越来越高""不善于与异性交往""婚姻观、价值观的多样性"等等。

横刀夺爱的女人和甘愿付出的女人

垂涎他人之物的掠夺之爱和在付出中获得快乐的奉献之爱

从抢夺中体会优越感

人们在提到某些女性时会说,"她喜欢抢别人男朋友";而有些女性自己也会感到,"我不知怎么就抢了别人的男朋友"。这些俗称为**夺爱**或**抢婚**。你即使没有过"夺爱"之举,但可能也对别人的恋人或丈夫产生过些许好感吧。

为什么会对别人的恋人或丈夫产生好感呢?那是因为,已经确定关系的情侣会给人一种**安心感和"人很好"的印象**。既然是被她看中的男性,那么一定是个很好的人,也就没必要对他再重新了解一次了。

或者,就像所谓的**"别人家的花香㊀"**一样,人们好像**对于自己得不到的东西总是充满兴趣**。不管是什么,别人的看起来都更好。

如果对方的女友曾是自己的情敌,就可能会产生一股"不服输"的斗志,一心想要把他抢过来。这可能只是**想要体味一下"我比她更有吸引力"的优越感**吧。

但不管怎么说,虽然对别人的男友甚至丈夫产生好感是当事人的自由,但若付诸行动去夺人所爱的话,就会对对方的女友、

㊀ **别人家的花香**:什么都看着别人家的好。由于自我嫌弃或自卑感,总是拿自己不好的地方和他人比较。

妻子乃至孩子造成伤害。自己的心情也不会很愉快。所以，在夺人所爱前，一定要三思。

在付出中获得快乐

同时，还有一些女性甘愿为男性**付出所有**。她们甚至愿意到男友家中穿上围裙，替那个不会做家务的他打扫卫生、洗衣做饭。这时，她们想的是**"没有我，他就没办法生活"** 或 **"我付出了这么多，他应该会很爱我"**。

付出型的女性与夺爱型相反，为了满足自己想要和男友在一起并得到他认可的愿望，她们会给予对方一种**"需求式的爱"**。也就是说这是一种**"奉献之爱"**。可以说，她们在无意识中会**从为他人的付出中获得快乐**。

但是，在男性看来，他们并不会因为一个女性肯为自己付出就一定会爱上对方。不过，也有一些男性会出于"感谢"之情而与女性在一起的情况。这时，如果女方的付出得不到男方的回报，她就会认为"自己如此付出，对方竟然都无动于衷"，并因此勃然大怒。

心理学小知识：男女之间存在友情吗

"男女之间存在友情吗？"这是男女间一个永恒的话题。认为"存在"的人一定有过与异性培养出友情的经验，他们是那种交友广泛，习惯于复杂人际关系的人。虽然恋爱经验丰富，但他们不喜欢被对方束缚。

而那些回答"不存在"的人自己也很难与异性建立友谊关系。他们虽然不会主动接近异性，但在与异性接触时，会展现自己的异性吸引力。同时，他们也不太会处理男女之间的暧昧关系。他们中的大多数人不只是对异性，对所有人都有着分明的好恶，且只与朋友交往。

失恋之后更容易接受爱意吗

在对方缺乏自信时示好更易获取芳心

当对方自我评价过低时更容易得手

当一个女性终于鼓起勇气对表示过好感的人表白却被对方以一句"对不起,我一直拿你当朋友"拒绝以后,会陷入意志消沉,认为"自己毫无吸引力"。

而如果在这个时候,有个男性温柔以对,或进一步试探"能做我女朋友吗",那么她也许会对他萌生好感,进而两人开始交往吧。

一个以往**自我评价**㊀ 较高的女性在遭到拒绝以后,她的自我评价会降低。这时,一个她平时不会接受的对象也变得容易被接受了。换个角度讲,如果希望自己心仪的人能回心转意,那么在她**自我评价较低的时候给予温柔的鼓励就能提高成功的可能性**。

"好感的自尊理论"实验

自我评价低的人会觉得向自己示好的对方非常有吸引力。这种心理现象被称为**"好感的自尊理论"**。为了验证这一理论,英国心理学家 **G.W. 沃尔斯特**做了一项实验:

① 实验开始前,先让一些女学生接受性格测试。

㊀ **自我评价**:是"爱自己"、"肯定自己"、"相信自己"三要素的综合表现。以"强 / 弱"或"稳定 / 不稳定"的程度表达自我评价的高低。

② 然后，让这些女学生进入实验室，并把一些长相英俊的男学生（演员）也带进实验室。让这些男学生先与女学生们温柔聊天，最后提出约会邀请。

③ 男学生离开后，向女学生们出示她们性格测试的伪造结果。而这些伪造的结果有高自我评价与低自我评价两种模式。

④ 最后，询问女学生们对提出约会邀约的男学生的好感度。

实验结果显示，拿到的测试结果是低自我评价的女生比高自我评价的女生对男生的好感度也更高。

"好感的自尊理论"实验

心理学家G.W.沃尔斯特通过实验证明，当人的自我评价较低时，更容易恋爱。

1 让一些女学生接受性格测试

↓

然后，让这些女学生进入实验室，并把一些长相英俊的男学生（演员）也带进实验室。让这些男学生先跟女学生们温柔地聊天，最后向她们提出约会邀请。

↓

男学生离开后，向女学生们出示她们性格测试的伪造结果。

A：充满自信的高分结果（高自我评价）
B：缺乏自信的低分结果（低自我评价）

↓

最后询问女学生们对提出约会邀约的男学生的好感度。

结果 拿到测试结果B的女生对男生抱有更大的好感。

去迎合倾心之人的喜好

为了得到心仪对象的关注而刻意表现

普林斯顿大学的实验

假如你听说自己喜欢的男生曾说过"我喜欢短发的女生",那么为了得到他的注意,你是不是也会去剪一个短发呢?

像这种让自己的形象去迎合对方喜好的心理被称为**印象管理**[一]。有一个可以证明这种心理的实验。

这个实验是在美国的普林斯顿大学进行的。首先对参加实验的女学生们进行性格测试,确认她们是事业型还是居家型。然后告诉她们这是一个关于第一印象的实验,接下来给出一个男生的侧身像。

这位男生"也是普林斯顿大学的学生,21岁,身高183厘米,爱好开车兜风和运动,目前正在寻找恋人。他理想中的女性是一个温柔居家、在外能够支持自己的丈夫的女性。"

之后再告诉女学生,她们的信息将展示给该男生,请她们填写相关问卷。而女生们不知道的是,问卷中的题目能够判断出她们的性格类型到底是属于事业型还是居家型。

通过对她们的回答进行分析可知,大多数在最初的性格测试中选择"事业型"的女生,在后来的调查问卷中则改为了"居家

[一] **印象管理**:指人们试图管理他人对自己所形成的印象的过程。美国举行总统选举中的"形象塑造"也是印象管理之一。

恋爱中的心理　第 6 章

型"。也就是说，她们为了满足男生心目中理想女性的形象从而得到他的好感，在不知不觉中迎合了他的喜好。

过度的印象管理反而会导致失败

但如果不顾自己的真实感受，一味地去迎合对方，就算最初能够如愿，但时间长了就会出现大问题。

拿上面的例子来说，如果原本想要大展拳脚的事业型女性与喜欢居家型女性的男性结婚的话，双方在价值观上的差异会导致他们争吵不断，恐怕最终会以离婚而告终。因此，印象管理应当控制在适当的程度上。

3D虚拟世界中的印象管理

在3D虚拟世界"Second Life"中，用户可以通过被称为"居民"的虚拟化身来探索这个虚构的世界，或与其他用户交谈。人们还可以在这里恋爱及选择同伴。

> 用户可以在"Second Life"中享受恋爱关系，但印象管理在这里起到了关键作用。

A
精致的金发美女"居民"

B
大妈模样的"居民"

> 如果上面两位去参加聚会，那么A居民一定会被各种各样的男性搭讪，然而他们却并不知道在实际生活中她是什么样子的。

人为什么会一见钟情

认定"理想中的异性＝喜欢的人"

与曾喜欢过的人相似

一见钟情①也可以说成是**"冲昏头脑"**，这是一种与一位异性初次相见就被强烈地吸引的状态。经常有人说自己是"容易一见钟情的人"，当然也有人并非如此。那么，什么样的人，在什么时候会一见钟情呢？

对一个人一见钟情并不是因为在那一瞬之间了解了他的性格或内心并且喜欢上的。一见钟情的情况会**在遇到和曾交往过的异性或自己理想中的异性相似的人时**出现。由于对方和自己曾交往过的异性或理想中的异性很像，脑海中会闪现出"这个人＝喜欢的人"的印象。

而且，可以说是**一见钟情的次数越多越容易一见钟情**。但不可思议的是，随着年龄的增长，他们一见钟情的次数又会越来越少。这是因为他们在一次次的经历中明白了理想与现实是有差异的。

从"恋爱"到"友爱"

人们通常是由于被对方外在的容貌或身材吸引而一见钟情，但这也可能是因为痴迷于自己理想中或幻想中的形象。而在实

---

① **一见钟情**：在法国被称为"闪恋"（闪电式恋爱）。指男女双方因"热情"和"爱意"一见面就喜欢上彼此的现象。

际交往中,很多人会发觉对方虚幻的外表渐渐褪色,最终不复存在。

著有《人际吸引力》的美国心理学家 **E.C. 哈特菲尔德** 和 **G.W. 沃尔斯特** 把对异性之爱分为**"恋爱"**和**"友爱"**。一见钟情属于前者,是一种**伴随着强烈生理兴奋的激情体验**。这种类型的恋爱通常是短暂的,来得快去得也快。

据说至少要与恋人相处 6 个月才能够感受到真切的爱。在这个过程中,不只是了解对方外在,还要去了解对方想法、性格、智力等内在的东西,将一见钟情变成真切的爱。

一见钟情时发生了什么

人在什么时候会一见钟情?下面就来举几个例子。

理想中的人

当遇到和自己理想中的异性一样时,会对对方产生一种亲近感,为之倾心。

长相与自己相似

如果对方的眼睛、鼻子、嘴角或脸型等与自己相似,便会对其产生亲近感。

基因与自己有明显差别的人

人们会认为,如果对方拥有自己没有的基因,那么两人的后代就会比自己更优秀。

出轨的原因男女不同

男性出轨是为了满足性欲,而女性则是出于对丈夫不满

雄性的本能与征服欲

有一句话说"出轨是男人的本性",实际上,人们也普遍认为男性比女性更容易出轨,所以很多女性会认为:"男人是出轨动物,这也是没办法的事。"

那么,男人为什么会想要出轨呢?从进化论上来说,雄性动物为了**"繁衍后代(保存种族㊀)"**都具有一种想要和尽可能多的雌性交配**的本能**。

于是,在通过与自己的妻子(女友)性交获得**征服感**和**拥有感**——"这个女人是属于我的"——之后,他们便想要搜寻下一个未知的目标(雌性)去征服。

当女性的内心和身体得不到满足时

然而,现在有越来越多的女性也会出轨。在以前,不管是女性自己还是整个社会都认为忠贞是女性的本分,而到了现在,有调查显示,未婚女性的出轨率已超过六成。并且,**教育程度越高的女性,其出轨的经历就越多;婚前性行为越多的女性,其婚后就越容易出轨**。

男性的出轨基本上都是为了满足性欲,而女性出轨则大多**与自己的移情别恋有关**。也就是说,她们**对于现在的丈夫(男友)在内心和身体上都产生了不满**。

㊀ **保存种族**:现在的种族是经过无数自然选择之后的结果,只有非常少的一部分种族得以保存,这被称为"种族保存能力"。

出轨时的心理

出轨是一种不正当的行为,特别是当已婚男女出轨被发现后,还会遭到社会的谴责并会涉及高额的经济赔偿。有些人也许会因此而放弃出轨的念头,而另一些即便如此仍然要出轨的人大概可以分为下面这六个类型。

寻求刺激

出于单纯的冒险或猎奇心理的一夜情类型。始终把出轨当成一种"消遣",而一回到家又能自然地做回"好爸爸/好妈妈"。

当作游戏

把出轨当成游戏,沉迷于"如何让对方就范"。达到目的后便会失去兴趣,再去寻找下一个目标。这类人是想证明自己的吸引力。

寻求自身的存在价值

这类人若感到"自己没有吸引力"就会对自己的容貌、性格或能力失去自信。多见于女性,她们在被男性示爱后便会感到"自己被需要",并无法抗拒这种诱惑。

为了报复自己的丈夫或恋人

为了报复恋人的出轨或其他恶劣行为。过去也有过类似经历的人也会出于自我保护而先出轨。

害怕双方关系进一步发展

曾在人际关系上受过很大伤害的人会出现害怕与人交往的倾向。因此,他们害怕与一个人确定关系并深入交往,会不断与他人重复表面上的交往。

寻找"青鸟"

即使结婚或有了恋人之后,也认为"一定还有更好的人",为了去寻找自己理想中的"青鸟"而出轨。多数人内心有着强烈的自卑感。

女性能立刻察觉男性的出轨

女人的直觉能识破伴侣的出轨

动物性的直觉能察觉出与以往不同的细节

私人侦探或调查公司接到最多的委托应该就是**调查外遇**的案件了。而这其中又以女性委托人居多,她们大都没有确凿的证据,只是说"我就是觉得他好像有外遇了",也就是说,**女性是出于直觉㊀去进行外遇调查的**。然而,实际调查后会发现,她们所怀疑的几乎都确有此事。

比如,妻子去探望独自赴外地工作的丈夫时,只是看了一下他的房间就能感觉到**"哪里不对劲"**。也许是那种不符合丈夫习惯的整理方式,或者是打开冰箱时意外发现里面装满了食材,抑或是丈夫的说话方式和表情等让妻子有所察觉。

她在觉察到"可疑"后,不会直接去质问自己的丈夫"你是不是有外遇了",而是会说"哎呀,你竟然会打扫房间,这还真是让人意外呢",然后等着看对方的态度。通过观察丈夫的回答方式(声调或表情的微妙变化等)来确认自己的直觉是否正确。

而这样的确认行为是在女性下意识中进行的。为什么女性的直觉如此敏锐呢?因为**对于女性来说,获得"安心"是头等大事**。女性要生儿育女,仅就这点来说,她们也比男性更需要确保自己有一个安稳

㊀ **直觉**:灵感、第六感、敏锐的嗅觉。难以用常理来解释,这是一种能够抓住事物本质的内心的机制。而能够察觉出与以往不同的细节信息的是一种动物性直觉。

的生活环境。可以说,她们从很小的时候就已经在不知不觉中明白了这点。孩童时期,她们会去确认父母的情绪;恋爱后,她们会去确认男友的行为;结婚后,她们会每天确认丈夫的举动和表情。

也许正因为如此,她们才能够从氛围、视线、手势、味道、家具或物品的摆放,甚至垃圾的种类等细微之处中察觉到与以往的些许不同。如果直觉告诉她可疑,那么她就会一直对此保持怀疑,并不断去确认,直到找到证据为止。

男性却出乎意料的迟钝

然而,男性却是让人出乎意料的迟钝。即使自己正被伴侣以这样的方式进行试探确认,多数男性也会毫无察觉。因此,当冷不丁被问道:"这个手帕是谁给你的?"他就会表现得语无伦次,或做出反常的举动,结果让对方对自己的疑虑更加确信。

当男性终于觉知自己的出轨行为已被伴侣察觉时,通常都为时已晚。那时女性早已证据在握,他们除了跪地求饶别无他法。如果这时还要做无谓的辩解,就只会暴露给对方更多的破绽。所以最好还是对女性的直觉保持敬畏之心吧。

心理学小知识

女人的第六感什么时候启动

伴侣的哪些行为会让女性产生怀疑呢?
- 觉得气氛有说不出的反常
- 奇怪的眼神、动作
- 不踏实,格外在意周遭
- 平时话少,突然变得话多起来
- 平时话多,突然话变少了
- 不同于平时,格外温柔
- 手机一刻不离身
- 将手机调成无声模式
- 说一些莫名其妙的话
- 对细节问题反应敏感
- 对饮食或物品的喜好发生变化
- 开始关注时尚

为什么殷勤的男士更受欢迎

不图回报地满足女性所需

这么好的女孩儿为什么会跟一个丑男在一起？

你听说一个美女朋友要结婚了，可当看到他们的照片时却不禁感叹："怎么是这么一个其貌不扬的男人。"这种场景你一定不陌生吧？这时，美女朋友会回答："不管怎么说，他是个很殷勤的人。"像这样的情侣组合不在少数。

貌似的确是**"殷勤的男人更吃香"**。那么，"殷勤男"究竟是什么样的男性呢？比如，经常通过短信等各种方式跟女友联系；收到女友的信息后立刻回复；记得女友的生日；当女友帮他做了事以后，一定会表示感谢；若女友换了新发型或穿了新衣服，一定会及时注意到并不吝赞美之词；他记得女友喜爱的食物，并在约会时用心地准备……能够自然地做到这些的人就可以说是个"殷勤男"了。

时机与距离感都很重要

殷勤男的行为也可以用心理学来解释。如果对方表示出善意，只要不是特别讨厌的人，我们也会对其抱有好感（**好感的回馈性** ➡P142）。若两人经常联络，见面次数也越来越多，那么双方相互的好感度也会提高（**熟知性法则**）。赞美可以满足对方的**自我认可需求**㊀，对人殷勤也能给人以**安心感**。

㊀ **自我认可需求**：也被称为自我肯定需求。被他人赞扬时，自我评价和自尊心都会得到提升。也就是说，这是一种希望被别人高度评价的需求。

但是，如果殷勤用错了**时机和距离感**的话，就会让人感到厌烦。而殷勤男则能够在不经意间为女性做到她们希望的、能使她们开心的事，并且不求回报。这可以说是需要相当高的技巧。只有在这些细节上不断给予对方无微不至的关心，最终便能获取女性的芳心。

然而，很多男性一旦结了婚，就像"**不再给钓到手的鱼喂食**"的道理一样，之前的殷勤就会突然消失。也有些人会把这种殷勤转而献给其他女性，反复出轨。所以女人们一定要看清男友的殷勤到底是不是真心的。

"殷勤男"知道如何能让女友高兴

招女性喜欢的所谓"殷勤男"到底是些什么样的人？我们可以举例来说。

定时发短信

及时回复女友的信息也很重要。

牢记女友的生日等"重要日子"

问到她的生日以后，立刻存到手机里。即使自己忘了，到时候手机也会弹出提醒画面。

自然地称赞女友发型或服装上的变化

首先，注意到这些变化是非常重要的，但这也是对男性来说最困难的。

记住女友的好恶

约会时，到美味的餐厅点上一桌她喜欢的菜。

为她让路，为她开门

做这些时要若无其事，不要刻意为之。就座前为她拉椅子，帮她提重物，这些行为也能收到很好的效果。

更容易被与自己相似的人吸引

选择彼此相似的人的匹配假说与相似性原则

与自己相似的人让人有安全感

你有没有发现很多情侣的**长相都很相似**呢？美国心理学家巴希德等人提出，人们会倾向于选择与自己相似的人作为伴侣。

彼此在兴趣、相貌或时尚喜好等方面的**相似之处多的人，更容易结合到一起**，这就是**匹配假设**。在成长环境、学历、价值观、宗教观、娱乐方式或态度等方面相似的人更容易相互吸引。究其原因，是因为这些方面相似的人之间拥有更多的共同语言。

人们会因担心被比自己更具吸引力的人拒绝而感到不安。同时，自尊心又不允许自己与不如自己的人交往。因此，最后便会选择一个与自己相当的对象。

如何拉近彼此的距离

男女恋爱时，通常在双方邂逅的那一刻并不了解彼此，但不知为何他们会**发现彼此的相似之处并产生亲切感，两人之间的距离也会渐渐缩短**，这被称为**相似性原则**。

相似性原则有以下几个特点：①在性格、爱好、价值观等方面相似的人之间更容易交往。②由于对方与自己的态度相似，所以能推测出对方的行为，从而更容易获得赞同。③不需要迎合对

○ **匹配假设**：又称平衡假说。因担心会被拒绝，在表白时，人们认为选择一个与自己相当的人，成功率会更高，这种行为也符合这个假说。

恋爱中的心理 第6章

方，因此不会有过多的心理负担，亦不会发生无谓的争执。

如果你无论如何都想得到对方的好感，或苦恼于不知该怎么与异性交流，可以用这种方法试着去拉近与对方的距离。有意识地模仿对方的手法被称为**镜像**㊀。也就是说，利用人们"对于与自己态度相同的人抱有好感"的心理，通过照镜子一样地模仿对方，来获得对方的好感。

但是，若什么都去模仿的话，又会让对方感到不快。所以，模仿要适度。

㊀ **镜像**：观察并模仿对方的身体动作。包括模仿对方的姿势、脚的摆放位置、点头、姿态、手势、呼吸等。为了不让对方发觉自己被模仿，行为自然很重要。

利用"相似性原则"获得对方的好感

如果能发现彼此的相似之处并给对方以亲近感，恋爱就能顺利进展。

模仿对方的动作

对方跷脚的话，自己也跷脚。对方喝起咖啡来，自己也端起杯喝咖啡。诸如此类。

模仿对方的声调

注意适度，千万不要变成口技表演。

模仿对方的语速

如果对方说话慢，那自己也慢慢讲话。

选择与自己性格互补的对象

喜欢能弥补自己不足的人

过度的互补反而危险

选择与自己相似的人作伴侣的现象被称为**匹配假说**（➡ P234）。而与之相对的，被对方身上某种自己所不具有的特质吸引的现象被称为**互补性**⊖。

互补性，顾名思义，就是**彼此取对方之长补自己之短**。假如有一对情侣，女性是个完全不会收拾整理的人，而男性则是一个喜欢干净整洁的人，那么，对男方来说，在伴侣拜托他打扫房间时，得到了她的尊重，这会使他感觉自己很有价值，于是心情愉快。而对女方来讲，当伴侣帮自己完成了自己所不擅长的事情时，也会感到轻松了许多。也就是说，这其中也包含着**互相帮助**的意味。

如果女方一味地使唤男方，以至超出了正常的互相帮助的范围的话，那么，这位女性也可能只是在利用男友，他们的恋爱想必也不会有太好的结果吧。

过度的互补性是指，形成了一种**依赖体质**——"如果他不帮我做……的话，我自己根本无能为力"或"没有她，我就感受不到自己的价值"。久而久之，其中一方必定就会产生不满，最终也许会导致不欢而散的结局。

相遇靠相似性，结婚靠互补性

在恋人即将步入婚姻时，互补性将发挥重要作用，而在两人初相遇时却并非如此。比如说，对于一个缺乏经济观念的男性来说，他需

⊖ **互补性**：瑞士心理学家荣格提出的"互补性"观点认为，外向性格的人会不知不觉地去寻求具有内向特质的人以补足自己。反之亦然。

要的结婚对象一定是一位能够出色地打理家庭财务的女性。

但如果从一开始就以互补性为原则去寻找伴侣的话，那就会成为一个只考虑自己的利己主义者。**在双方关系亲密以后，互补性才会体现出它的好处**。也就是说，**初相识时需要依靠相似性原则**，而**随着关系进一步发展，互补性就会变得越来越有必要**。

喜欢有危险气息男性的女性

据说女性会被散发危险气息男性所吸引。在被问及喜欢什么样的男性时，大部分女性的回答都是**"温柔和善的人"**，但也有人会觉得那种男性有点儿美中不足，而更喜欢**"坏坏的㊀"**男性。

不安稳、让人紧张的男性虽然时常会让人担心，但同时也让人心动。实际上，这类男性通常也懂得**如何吸引女性**。他们在追求女性上不遗余力。而女性，特别是**缺乏恋爱经验的女性会被他们强烈的男性魅力所吸引**。

女性（尤其是年轻女性）总爱寻求刺激。而"坏男人"正好满足了她们的这种需求，因此他们会更受欢迎。

> **心理学小知识　什么样的男性能给人安全感**
>
> 在考虑结婚的时候，女性往往会选择那些能带给她们安全感的男性，而非"坏坏的"男性。因为她们不愿意在结婚后仍过着担心或刺激的日子。那么，到底什么样的男性能给人安全感呢？下面我们就来介绍一些简单的分辨方法。
> - 温柔、体贴
> - 什么话都能跟他讲
> - 在一起时让人放松，能素颜以对
> - 诚实、有责任感
> - 聊得来
> - 对于金钱的价值观相同
> - 果断、有主见

㊀ 坏坏的："迷人大叔"成了2005年的流行语。男性时尚杂志《LEON》随之提出了"坏坏的"大叔的概念，指看上去有些不端的中年男性。

爱得越艰难
感情越强烈

误以为遭到的反对越多爱就会越深

罗密欧与朱丽叶效应

我们先来回顾一下剧作家**莱士比亚**㊀的代表作**《罗密欧与朱丽叶》**的故事。在十四世纪的意大利贝罗纳城，凯普莱特和蒙太古两个家族世代为仇，经常浴血争斗。然而蒙太古家的独子罗密欧与凯普莱特家的独女朱丽叶却坠入爱河。由于两家有世仇，两人只好秘密结婚。

罗密欧的朋友茂丘西奥在决斗中被凯普莱特夫人的侄子提伯尔特杀死，于是罗密欧大怒，拔剑反将提伯尔特杀死。罗密欧因此被驱逐。而朱丽叶的父亲命令她与帕里斯伯爵结婚。为了逃婚，朱丽叶喝下一种能让人假死的药并被埋葬。罗密欧以为朱丽叶真的死去，便在她身旁服毒自杀。苏醒过来的朱丽叶看到死去的罗密欧悲痛欲绝，遂拔剑自尽。

这个悲剧讲述的是一对恋人由于两家人的反对而无法在一起，然而他们之间的爱却因经历了重重磨难变得更加炙热坚定的故事。于是，人们将这种**由于出现干扰反而促使恋爱双方的情感更加强烈**的现象称为**"罗密欧与朱丽叶效应"**。

阻碍能使爱更热烈？

恋爱时，如果遭到亲友的反对，或是听到有人说另一半的坏

㊀ **莱士比亚**：1564—1616 年。英国剧作家。著有四大悲剧《《哈姆雷特》、《麦克白》、《奥赛罗》、《李尔王》)、《威尼斯商人》、《仲夏夜之梦》等诸多代表作。

话，那么恋情反而会加深。也就是说，**人们在遭到干涉时会更执着于自己的想法，所以便会感到两人的爱变得更深了。**

这与越禁止就越想试试看的心理很相似。我们称之为**逆反心理**㊀。

奥地利精神分析学家**弗洛伊德**也曾说过："**要想提高力比多，就需要一些阻碍**"。"力比多"是弗洛伊德提出的名词，一般译为"性欲"或"性冲动"，指一种基于人类性本能的能量。

㊀ 逆反心理：当自己的意见或行为遭到他人的限制或命令时，反而会更加固执于自己的意见。尤其多见于处在叛逆期的青少年。

得不到的"禁果效应"

多次表白却始终得不到她的接受，这样为了得到对方而付出得越多，就越会对其着迷——这种现象被称为"禁果效应"。

① 借机跟喜欢的女性搭讪。

↓

② 试着约她出去。但……

"我必须早点儿回家……"

↓

③ 再试一次。

"决不放弃！"

"今天不太方便……"

喜欢上自己帮助过的人

让自己接受"因为喜欢对方才帮忙"的认知不协调理论

试图消除内心的矛盾

在影视作品中经常会出现这样的情结——某个女性角色爱上了帮助过她的男性,或某个男性爱上了自己帮助过的女性(即使两人可能只是初次见面)。

为什么这种情况下会发展出恋情呢?人们通常会**认为,自己是因为喜欢对方才施以援手的**。人们不会去帮助一个自己讨厌的人。**若真帮了一个自己不喜欢的人,那么在想法和行为上就会出现矛盾**,而矛盾会给人带来不协调或不愉快的情绪。为了消除这种矛盾,人们便会说服自己——"我是因为喜欢对方才帮忙的"。这种**想要消除内心矛盾的心理作用被称为认知不协调理论**⊖。

比如说,一位女性发现自己难以如期完成工作,就去请一位男同事来帮忙。这位男性表示同意帮忙后,为了说服自己会对自己的行为做出解释——"我为什么会接受她的帮忙请求呢?"→"我不会愿意帮助自己不喜欢的人"→"所以我喜欢她"→"不然的话我的行为就是矛盾的"。

而对于那些"想分手却下不了决心"的女性,有人会说:"想分手的时候就分手,怎么会下不了决心呢?"而当事人往往

⊖ **认知不协调理论**:是美国心理学家费斯廷格提出的。如,烟民将自己的吸烟行为正当化,或当自己的意见被否定,便认为否定自己的人是错的。

相信"是因为还爱着对方,所以才下不了分手的决心",又或者是用这种想法说服了自己。

认知不协调原理的应用

你也可以利用这个原理让自己倾心的人注意到你。

假如你是一位女性,那么不要试图去帮助自己喜欢的男性,而要想办法让他来帮助你。这样一来,他为了使自己的行为正当化,会给出这样的自我解释:"我帮助她是因为喜欢她"。而最终你们也许真的能够发展出恋情。

认知不协调原理能否催生恋情

所谓认知不协调原理是指,人为了不让自己的行为出现矛盾,会自我说服。这种心理也会出现在恋爱初期。

1 有个同事正因完不成工作而苦恼

2 遂向其伸出援手

因为喜欢她所以帮忙	不喜欢她却帮了她
=	=
协调状态	**不协调状态**
↓	↓
与一般的想法不矛盾	与协调状态相矛盾,产生不快

"所以我还是喜欢她的。"

共同经历过紧张刺激之后容易产生恋情吗

误以为自己心跳加快是源于对异性的心动的错误归属

在运动观赛中或在游乐园里更易产生恋情

最近，在运动会赛场之类的地方，一些互不相识的粉丝们会一起为自己支持的同一支队伍加油。后来，总能听到这些当初只是在观战时偶然坐在了一起的人成了情侣。

人在感到欢喜、兴奋、不安的时候会分泌肾上腺素⊖，于是心跳加快，会感受到一种内心的悸动，这被称为**生理唤醒状态**。

有时，人会将这种内心的悸动误认为是对恰好坐在身旁的异性产生了心动感觉，以为自己喜欢上了对方，这种误解被称为**错误归因**⊖。

游乐园中容易产生恋情可能也是源于这种错误归因。因为，游乐园中的过山车、鬼屋这种刺激的游乐项目，以及让人捏一把汗的惊险表演也能收到类似的效果。

兴奋的情绪平静下来后，恋情也容易随之冷却

但是，这种源于错误归因产生的恋情只是出于一时的兴奋，因此，**当兴奋的情绪平静下来时，恋情也会随之冷却**。也就是说，这样的情侣最终分手的概率会很高。所以，即使在处于兴奋状态的时候，也要对对方保持一份冷静。

⊖ **肾上腺素**：由肾上腺髓质分泌的一种激素，进入血液后会使心跳加快、血压上升，是一种可使人进入兴奋状态的激素。

⊖ **错误归因**：错把别的原因当成是事物真正的原因。"归因"是指，通过对自己或周围发生的各种现象或行为的原因做出的推断，来判断自己或他人的内在特征。

恋爱中的心理 第 6 章

证实紧张感与爱意之间存在联系的"吊桥实验"

加拿大心理学家达顿与艾伦做过一个著名的"吊桥实验",证实了错误归因更易使人坠入恋情。

实验方法 首先让男性被试者从两架横跨峡谷桥梁中选择一个通过。在他们通过桥梁后,一位女性会立即上前告诉他们,"如果你想了解本次实验的详细说明,可以与我联系",并告知自己的电话号码。然后观察这些男性被试者与这位女性实验人员取得联系的情况。

桥梁:高70米的吊桥

桥梁:高3米的坚固桥梁

实验结果

	通过A吊桥的	通过B桥梁的
打电话给女性实验人员的	39%	9%
打电话给男性实验人员的	9%	5%

与通过坚固桥梁B的人相比,通过A吊桥的男性事后打电话给女性实验人员的人数更多。同时也用男性实验人员做了相同的实验,但通过两个桥梁的被试者的实验结果都差不多。

生理唤醒状态		女性实验人员		恋慕之情
通过吊桥时的紧张感会让人不由自主地心跳加快	**+**	此时碰巧遇到一位女性,便会将她理解为自己心跳加快的原因	**→**	心跳加快 = 恋慕之情的错误归因

跟踪狂心理
自恋型人格障碍、反社会型人格障碍

古典式的骚扰狂——被爱妄想症

近几年，有关**骚扰狂**㊀的案件数量猛增，有些甚至会发展成杀人案件。1838 年，法国精神病学家克雷宏波提出了**"被爱妄想症"**这个概念，这是一种古典式的骚扰狂状态，指陷入对名人爱恋和妄想中的一种状态。

但现代的骚扰狂则是把身边的人（特别是女性）当作目标。人们都想要和自己喜欢的人待在一起，而骚扰狂会对自己喜欢的人纠缠不休，甚至监视其行为，如果没能得逞还会怀恨在心。

骚扰狂的加害者意识淡薄

大部分骚扰狂都有很严重的心理问题，他们不在乎被对方厌恶，会做出一些正常人无法理解的行为。他们认为，**自己中意的人必须时刻想着自己**。而且，他们的**加害者意识淡薄**，反而**有"我被抛弃了""她不理我"的这种被害者意识**。他们的依赖性很强，认为没有对方就活不下去。

骚扰狂被认为具有一定程度的**人格障碍**。也就是说，他们的人格超出正常范围，处于一种会影响到社会生活的状态。其中大多与自恋型人格障碍和反社会型人格障碍有关。

㊀ **骚扰狂**：在日本，这个称呼被固定下来是在 20 世纪 90 年代之后。在那之前，一般称之为"精神变态者"。2000 年，日本制定了一部骚扰狂规则法。

自恋型人格障碍又分为"过度警惕型"和"无意识型"两类。而骚扰狂是其中的**"无意识型"**，他们对他人的反应感觉迟钝，且具有一定的攻击性，只考虑自己，无法接受被他人伤害。

反社会型人格障碍患者缺乏良心的自我谴责，会平静地做出违法行为或犯罪行为。

这两种人格障碍都不属于精神疾病，被认为具有责任能力，因此骚扰狂的行为肯定要受到法律的制裁。

骚扰狂的几种类型

被骚扰的对象主要是女性，其中以二十多岁的年轻女性为主。骚扰狂主要分下面两类，了解这些特征，在选择恋人时一定要擦亮眼睛。

恋爱/复仇型

- 这是最普遍、数量最多的类型。恋爱关系结束后，由于受到打击以及内心不满，对对方产生复仇情绪，并做出复仇的行为。
- 出于自己内心的执念——"我忘不了你""想时时刻刻跟你在一起"——而做出骚扰行为。

名人型

- 从单纯的追星发展成调查对方的住址、电话，并对其进行骚扰。
- 以社团、职场或学校等组织中的红人为目标。
- 隐藏自己的真正身份，匿名骚扰。

迷恋"食草男""渣男"的女人

可以轻松交往的食草男和让人难以放弃的渣男

食草男也不能一直守株待兔

近几年,**食草男**⊖越来越多。所谓食草男是指,缺乏"男子气概",追求稳定的成熟男性。虽说他们也并非不受女性欢迎,但在与异性的相处上较为被动。他们与世无争,不会做过多的努力。

这样的食草男反而很受女性的青睐。他们无欲无求的性格使异性能够轻松自然地与之交往。不过,**一旦进入恋爱阶段,女性就会对食草男产生不满足感**。女性还是希望男性能够表现得更积极一些。所以,优柔寡断、缺乏主见的食草男们需要更果断一些才行。

话虽如此,现在有越来越多的**食肉女**会向那些始终不主动的食草男主动出击。

想帮助"渣男"的女性

所谓**"渣男"**⊜就是"差劲的男人",指那些没有工作、游手好闲,或频繁换工作、花钱大手大脚、像个情夫一样依赖女性的男性。然而,却有不少女性对这种差劲的男人十分迷恋。

到底是什么样的女性会迷恋"渣男"呢?

⊖ **食草男**:2006年,专栏作家深泽真纪在《日经商务》的连载中初次使用。2008年,在女性杂志《non-no》中被做成特辑。2009年,入选日本流行语大赏TOP10。

⊜ **渣男**:仓田真由美于2000年开始在周刊杂志《SPA!》中发表的漫画《花女之道》中初次使用,用于介绍一些只喜欢无赖男的女性。

恋爱中的心理 第6章

首先是那些**自我评价非常低的女性**。由于她们对自己的评价过低，就会产生一种泄气的念头，认为"像我这样的女人也就配得上他那样的男人"。

然而不知为什么，一些**独立的"优秀女性"**也会被"渣男"所吸引。她们大多患有**"助人综合征"**，会认为"我一定可以为他做些什么""我能帮他"。

这类优秀女性总是身处周围人羡慕的眼光之中，不能表现出自己脆弱的一面。由于她们长期隐藏自己的弱点，当出现一个不求上进的男性时，会被对方那种敢将自己的弱点暴露无遗的特质所吸引，于是产生一种近似于憧憬的情感。

迷恋"渣男"的女性

"渣男"可以说就是无赖男。可总有一些女性会迷恋他们，这不禁让人感叹："啊？怎么会是他？"

自我评价非常低的女性

"像我这样的女人也就配得上他那样的男人"

- 没有得到过父母的表扬，总是被否定。
- 小时候有过被欺负或被虐待的经历，从没被人爱过。

患有助人综合症、时常感到无能为力的女性

"他没有我的照顾不行"
"和他在一起，我才是真正的自己"

- 从小一直是优等生，相信自己的作用就是去帮助别人。
- 优秀的女性不愿将自己的脆弱示人，因此不断压抑着自己的弱点和恐惧。当出现一个活得毫无掩饰的"渣男"时，就会被他的那种特质所吸引。

超实用！"他人心理"8

爱情颜色理论 6种类型的爱

加拿大心理学家John Lee认为，爱情有六种色彩（种类），并将其称为爱的类型。他的这个理论被称为『爱情色彩理论』。快来看看你是哪种类型吧。

Lee提出6种类型的爱

John Lee将六种类型的爱像色相环（将颜色按环形排列用以表示互补色之间关系的图）那样按环形摆放。爱情有3种基本类型（情欲之爱、友谊之爱、游戏之爱）以及它们的3种混合类型（激情之爱、奉献之爱、现实之爱），而它们彼此之间的位置关系则表现出重要意义。他认为，在色相环中位置相近的爱情类型的人之间性情相投，而位置相对的爱情类型的人之间则不投缘。

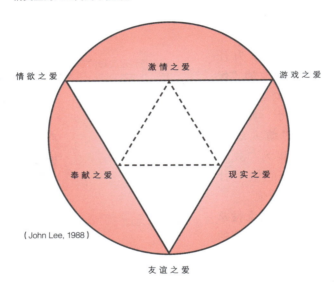

(John Lee, 1988)

游戏之爱⇔奉献之爱

将爱情视为游戏的游戏型会觉得有奉献精神的奉献型让人厌烦，在交往中无法体会到快乐，而奉献型也无法容忍游戏型。

现实之爱⇔情欲之爱

现实型把爱情当作手段，而情欲型则信奉爱情至上，二者格格不入。

友谊之爱⇔激情之爱

如果追求友情的友谊型与有着强烈占有欲和嫉妒心的激情型在一起，他们注定是无法相互理解的。

恋爱中的心理 第 6 章

◆ 激情型（激情之爱）

具有激情之爱特质的人会全心投入爱情之中。他们有激情，有强烈的占有欲和嫉妒心。但由于缺乏自信，如果对对方感到不放心就会寝食难安，出现各种身体上的不适。

◆ 游戏型（游戏之爱）

具有游戏之爱特质的人会将爱情视为游戏，首先考虑的是是否有乐趣。他们非常冷静，不会执着于对方，常常同时与多个对象交往。此类型的人嫉妒心与占有欲不强，不喜欢别人侵犯自己的私人空间。

◆ 现实型（现实之爱）

具有现实之爱特质的人认为爱情不需要罗曼蒂克。他们将爱看成是一种交易，追求有利于自己的爱情。因此，他们会在对方的社会地位及经济实力等方面设定各种标准，并选择符合自己条件的对象。

◆ 友谊型（友谊之爱）

具有友谊之爱特质的人认为爱是需要经过长时间培养的。追求友谊之爱的人没有强烈的嫉妒心，即使长时间分隔两地也不会感到不安或痛苦。认为人生的目标就是结婚组成家庭。

◆ 奉献型（奉献之爱）

具有奉献之爱特质的人认为爱情是不求回报的，能够为了对方牺牲自己，甚至不要求对方的爱，他们会为对方倾尽所能。如果认为对方和别人在一起会更幸福，甚至会主动抽身离开。

◆ 情欲型（情欲之爱）

具有情欲之爱特质的人是爱情至上主义者，追求一见钟情或浪漫的爱情。热衷于为恋人写诗或写信这类事情。在两人交往之初就渴望肉体关系，不过大多数恋爱关系并不长久。

超实用！"他人心理" 9

从这些细节能看出男女间的亲密度

细节 1 对视方式

假如其中一方对另一方有好感

如果喜欢一个异性，不管他/她说什么都会不自觉地一直注视着对方。

假如两人是恋人

男女双方对视的时间或次数越多，他们的关系就越亲密。一般情况下，人们在交谈时会边看着对方边说话。而如果是恋人的话，他们相互默默对视的时间会多于对话的时间。

细节 2 姿势与身体的朝向

两人说话时的姿势越倾向于面对面就表示他们的关系越亲密。比如，如果并排坐在长椅上的一对男女在交谈时会侧过身面向彼此，那么他们的关系一定非常亲密。同时，脚尖或手的朝向也会透露出相关的信息。面向对方的姿势表示对对方感兴趣。

在公司里，当看到站着说话的一对男女时，一些直觉敏锐的人就能看出"他们正在交往"的判断。实际上，从一些细微的态度或举止就可以推测出男女之间的亲密关系。只要善于观察，就能利用这些信息来提高我们的沟通效率。

恋爱中的心理　第 6 章

细节 3　两人间的距离

关系越亲密，双方身体就会靠得越近。并排坐在长椅上时，两人肩膀相距小于20厘米的，就是亲密关系。相反，如果距离超过20厘米，就可以说是普通人关系。

细节 4　姿势回应

如果与他人的关系融洽并建立了相互信任，那么双方的举止或表情等就会变得越来越相似，这种现象被称为"姿势回应"。也就是说，如果看到两人的手或脚的位置，以及动作非常相近的话，那么就可以推断他们的关系很亲密。比如，如果男方把脚跷起来，女方也会马上跷起脚来。

细节 5　腿的交叉方式

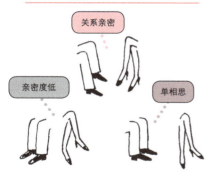

如果并排而坐的两个人朝同一个方向跷腿的话，便可知他们关系亲密。而如果方向相反各自朝外的话，则他们的关系不甚亲密。如果其中一方脚尖朝向另一人，那么这个人就可能是对另一方单相思。

细节 6　身体接触

感觉与对方越亲密，和对方的身体接触就会越多。通常我们在表示鼓励时会有意无意地拍拍对方的肩膀，这是在表示两人关系要好；若拍后背则表示两人关系较亲密。若双方相互挽着手臂，握着对方的手则表示关系亲密。

译者的话

这是一个生活节奏快到令人窒息的时代,也是一个人心彷徨、所有人都在寻求精神寄托的时代。一方面,中国的抑郁症和焦虑症患病率已接近7%(2019年数据);另一方面,人们向往内心的宁静,努力想通过灵修、瑜伽、宗教乃至茶叶烟酒等各种方式获得慰藉。谁不希望自己既能在职场上如鱼得水,让朋友们如沐春风,又能保持家庭氛围其乐融融呢?除了超凡的工作能力和精湛的时间管理术,人们更渴望获得洞悉人心之术!

而心理学正是这洞悉人心之术!但也许是因为它的研究对象是我们触不可及的内心世界,便总给人一种神秘深奥之感。一听到诸如自我效能、需求层次、统合失调、人格障碍等等这些心理学专业术语,便让人望而却步。依据不同的研究领域和研究方法,心理学又被分为形形色色的学派,涉及社交心理学、婚恋心理学、职场心理学、营销心理学等诸多方面,让人眼花缭乱。加之被弗洛伊德、荣格这些大师的光环笼罩,这门科学对于普通人来说实在是高深莫测,难免令人敬而远之。

可当我初读本书时,不禁眼前一亮。这不正是专为普通人准备的心理学吗?它打破了心理学各领域间的界限,横向综合了生活中常见的各种涉及人际关系的心理学现象,对其进行深入浅出的分析,并提出行之有效的调整方法和应对建议。它让人们重新认识人的趣味性和复杂性,从实践应用的层面上指导人际关系,提升人际交往的效率。同时,他人心理学也是一面镜子,有助于我们对自己思维、行为方式的认知和分析,提高自我认知水平。

在知识性上,本书完全不输一些心理学专业书籍,对从没接触过心理学的读者朋友也非常友好。它不但从科学的角度介绍了丰富的心理学知识,还从心理学的观点出发，用浅显易懂的方式解释了很多心理学概念，比如，"乔哈里之窗""习得性无助""青鸟综合症"等。此外，作者也很有针对性地总结了许多实用性强的心理学小技巧（如何说服别人，如何赢得对方的好感，如何制定一套有效的管理模式，在恋爱中如何处理双方的关系，等等），堪称一本实用手册式的科普书。

茶水间的八卦到底是人类的天性使然，还是欲将自己的快乐建立在别人的痛苦之上？上司犯了心绞痛，到底是提醒他减少竞争心，还是药不能停？尴尬的商业互吹到底是暗潮汹涌的捧杀，还是拙劣的讨好？为什么"三个和尚没水吃"？又该如何破解？相亲时遇到的钢铁直男和文弱书生哪个更可能是隐藏的渣男？女孩儿什么时候更容易坠入"浪漫陷阱"？如何"定制"一见钟情？女人的第六感何时开启？……

答案尽在本书中。

潇彧
2021 年春